PROYECTO

CULTIVO DE LA SETA DE CARDO EN SU HABITAT NATURAL

Pleurotus Eryngii

Por: *(Fvg)* *Félix Villullas García*

TRATADO DE MICOLOGÍA APLICADA

Fecha de comienzo del proyecto: julio 2012

Fecha de la primera edición "Cultivar la seta de cardo en su hábitat natural": mayo 2015

Fecha de reedición "Cultivo de la seta de cardo en su hábitat natural": septiembre 2017

ISBN 978-84-697-5699-7

PRIMERA EDICIÓN

Cultivar la seta de cardo en su hábitat natural

REEDICCIÓN

Cultivo de la seta de cardo en su hábitat natural

COMPLEMENTO

ESTUDIO BIOLÓGICO DE LA PLANTA ERYNGIUM CAMPESTRE (cardo corredor) Y EL HONGO PLEUROTUS ERYNGII (seta de cardo).

DEDICATORIA

(..a mi padre....)

Por su tenacidad, por conseguir que compartiera su afición y entusiasmo por un ser extraordinario y misterioso, por obsequiarme un "sin fin" de veladas junto a él recorriendo páramos y perdidos de nuestra tierra en busca de la SETA DE CARDO, hasta que ya no pudo hacerlo....

AGRADECIMIENTO

Muy especial a D. **Fernando Franco Jubete**, Catedrático de Producción Vegetal de la Escuela Técnica Superior de Ingeniería Agrícola de Palencia, (E.T.S. Ingenierías Agrarias. Dpto. Producción Vegetal y Recursos Forestales), Académico de la Institución Tello Téllez de Meneses, así como cargo y miembro destacado en diversas entidades e instituciones dirigiendo y colaborando en proyectos cuya finalidad es investigar y proteger la flora y fauna en nuestra provincia.

Por su colaboración en la programación de los trabajos de campo relacionados con la siembra e implantación del Eryngium Campestre.

Por la ayuda prestada facilitando el contacto con entidades y personas que pudieran ayudar en aspectos concretos de estos trabajos.

También a las siguientes entidades y personas que, en sus distintos ámbitos, han contribuido con sus aportes y comentarios.

Al Tte. Coronel, mando del **"CAMPO DE MANIOBRAS Y TIRO DE RENEDO-CABEZÓN (VALLADOLID**), por permitirnos visitar sus instalaciones, en concreto las extensas zonas de entrenamiento y prácticas de sus unidades en las que la "seta de cardo" ha encontrado un hábitat inmejorable. La experiencia vivida nos permitió el estudio de un ecosistema extraordinario y singular en el que el hongo Pleurotus Eryngii encuentra, año tras año, las condiciones idóneas para brotar

A **Javier Blasco Zumeta**, Profesor del Colegio Público de Pina de Ebro por explicarme en profundidad aspectos interesantes de un excelente trabajo en relación Eryngium Campestre.

A **Julián Simón López Villalta**, Naturista, por su contribución y valiosos comentarios sobre el artículo *"DELICIOSO PARASITO"* en el que expone una singular tesis sobre la seta de cardo.

A **José Ramón Jiménez** por poner a mi disposición material relacionado con la seta de cardo de la que es un entusiasta apasionado.

A la **Asociación Myas** por autorizar contenido de su publicación **"APUNTES SOBRE EL FASCINANTE REINO DE LOS HONGOS"** como parte de la introducción.

A **Verónica Tobar Domínguez** por sus valiosos aportes en relación a la *"tarnania fenestralis"*. Autora de un trabajo de investigación excelente relacionado con este parásito. Por su ofrecimiento y colaboración en la identificación de este díptero tan letal que tantos daños provoca al hongo Pleurotus Eryngii, en particular a nuestra variedad <La Seta de Cardo>.

BLOQUES DE CONTENIDO

INDICE DETALLADO

INTRODUCCIÓN

Desde muy temprana edad ya acompañaba a mi padre en numerosos paseos y largas caminatas recorriendo eras y "perdidos" cercanos al pueblo en busca de una joya muy preciada que misteriosamente aparecía y se dejaba ver cuando llegaban las primeras lluvias del otoño. En esos días, provistos de una "cesta de mimbre", caminábamos sin un rumbo fijo por los alrededores del pueblo al encuentro de esa "joya", se la conocía con el nombre de **seta de cardo**. Me situaba a unos metros por detrás de mi padre y observaba minuciosamente todos sus movimientos, esperaba el momento en que se reclinase, eso era señal de que había algo. No me equivocaba, si se agachaba es que había encontrado, una o varias. Yo me apresuraba y me situaba a su lado observando la liturgia casi ceremonial que realizaba cuando encontraba algún ejemplar. Me decía…*"cuando encuentres una seta, no la cortes de inmediato, dirige la vista alrededor de ella en todas las direcciones que seguro que tiene que haber algunas más…."*. Estaba en lo cierto, a pocos metros o centímetros se podían ver algunos ejemplares que requerían de nuestra atención.

Si encontraba alguna, llamaba su atención para que me confirmase si era una seta y si se podía comer. Mi padre no es que fuera un experto buscador de hongos, en realidad solo cogía de una clase, pero nunca se equivocaba, aunque el color, el tamaño o la forma fueran diferentes. Esa seta que recolectaba, y que más tarde mi madre nos cocinaba en casa, no era otra que **LA SETA DE CARDO**, era el nombre por el que todos los lugareños de la zona la nombraban y la conocían.

Todos los años, unos más y otros menos, he salido algunos días durante el otoño para recolectarla. Al principio estos escarceos han sido por las cercanías del pueblo, recorriendo eras, barbechos y lindes de caminos. No sé cual me produce mayor placer, si las salidas al campo en esos días nublados y cortos del otoño con la sola idea de ver si había empezado a "asomar" alguna, o el placer que me producía sentarse a la mesa y degustar el revuelto de setas que mi madre nos preparaba.

Estoy seguro de que todos los que sois aficionados a la micología comprendéis y participáis de estas reflexiones. Durante largo tiempo he pensado que esta seta solo crecía por nuestras tierras, pensaba que brotaba únicamente en Castilla y León, nunca imaginé encontrar este ejemplar en Andalucía, concretamente en Sevilla donde por motivos de trabajo he pasado algunos años. Esperaba a que llegaran las lluvias en septiembre para emprender las "escapadas", haciendo paradas en los lugares en los que otros años habíamos recolectado algún ejemplar, haciámos paradas en todos los "perdidos" y laderas donde hubieran crecido cardos con la ilusión de recolectar algún ejemplar, no era mi intención coger muchos, me conformaba con ver alguno. No había leído nada sobre este maravilloso mundo de los hongos y de su fruto "las setas", no sabía nada de estos seres, solo tenía la certeza de que en esas fechas "salía" la seta de cardo. No tenía ningún interés por otras que veía a mi paso, incluso en abundancia, y que quizás también eran comestibles, las dejaba en el terreno.

Pasados algunos años estos escarceos ya no eran solo en los meses del otoño, con las lluvias de primavera, a últimos de abril y durante el mes de mayo, salía para recolectar alguna que, aunque en menor cantidad, brotaban si las condiciones eran las propicias. Dicen por estas tierras que las setas en estas fechas no tienen el mismo sabor que las que recolectamos durante el otoño, creo que algo de razón tienen quienes lo afirman y que quizás sea debido a que las que brotan lo hacen sobre "cardos" al comienzo de un nuevo ciclo vegetativo anual al contrario de lo que ocurre en el otoño que lo hacen al final del ciclo.

Mi interés por esta singular y exquisita seta no ha decaído, muy al contrario, me ha suscitado nuevas inquietudes. Para desentrañarlas necesitamos saber un poco, o bastante más de ella, sobre su ciclo de desarrollo, sobre el ecosistema en que evoluciona, sobre cómo se propaga y se nutre, sobre la planta a la que se asocia y que la sustenta, sobre sus "amigos y enemigos", etc... . El estudio de estas cuestiones y otras, como es el que en cada temporada son menos los lugares en los que se puede ver, es el motivo que me ha llevado a realizar este trabajo cuya finalidad principal es que podamos disfrutar de este hongo en su hábitat natural y durante mucho tiempo. Pretendemos lograr que se propague en enclaves en los que nunca lo ha hecho o que el número de ejemplares es escaso e incluso, porque no, que se pudiera cultivar como cualquier hortaliza de consumo en su hábitat natural. Actualmente se cultiva de forma intensiva en naves e invernaderos acondicionados para obtener grandes producciones, se utilizan diversos sustratos y en condiciones controladas, pero no se ha conseguido que la seta producida tenga el sabor y las características excepcionales que tiene la que recogemos en el campo, la "autóctona", la que crece en su hábitat, en especial en estas tierras de Castilla.

Cada vez son menos los lugares en los que la podemos encontrar, hay que hacer algo y URGENTE para que no se pierda. He hablado con muchos aficionados de distintos pueblos de estas tierras y todos coinciden en el mismo parecer, **"CADA VEZ SON MENOS LOS SETALES Y MENOS LOS LUGARES EN DONDE PODEMOS ENCONTRARLA…"**. Pienso como la mayoría y que se tendría que hacer algo al respecto. A nivel individual es poco lo que podemos hacer, no está en nuestras manos, sería a nivel institucional si de verdad somos conscientes del alarmante futuro que le espera a esta maravillosa seta tan nuestra. La causa de que llegue a producirse es la preocupante y acelerada disminución de espacios naturales adecuados para su desarrollo debido al aprovechamiento intensivo del suelo para usos agrícolas tradicionales y la expansión de las zonas urbanísticas e industriales. Cada vez son menos los terrenos "vírgenes" en lo que pueda evolucionar este hongo. La sobre explotación intensiva contribuye a que cada vez se vea menos entre la flora a una planta que es fundamental para que sigamos teniendo la llamada "seta de cardo" y **NO DESAPAREZCA**. Esta planta no es otra que el ERYNGIUM CAMPESTRE, "cardo corredor" nombre común por la que se la conoce por toda España y a la que se asocia esta seta, para ser exactos mejor decir a la que invade este hongo. No hay otra, si el cardo corredor **DESAPARECE** también lo hará la SETA DE CARDO.

Si no se hace algo para que esta planta perdure y se propague, no es aventurado afirmar que puede que dentro de cincuenta o cien años desaparezca este hongo tal como lo conocemos en su hábitat natural.

En estos trabajos centramos la atención en esta planta dándole el protagonismo y la importancia que realmente tiene. La escasez de esta seta no es directa, viene condicionada por la desaparición del CARDO CORREDOR la planta que coloniza y de la que se nutre.

El proyecto a emprender es ambicioso e innovador, pretendemos cultivar esta seta al aire libre, bajo su sustrato natural (el suelo "in situ") alimentándose de las raíces de su planta de sustento, el cardo corredor **(eryngium campestre)**. Esto ya se ha querido hacer pero parece ser que no se han conseguido los resultados que se pretendían. Las dificultades con las que se han encontrado quienes lo han intentado pudieran haber sido numerosas y diversas, principalmente económicas ya que no se ha logrado rentabilizar hasta la fecha, se ha optado por su cultivo en sustratos muy diversos y menos problemáticos a la hora de sacar producciones aceptables ; sin embargo, todos sabemos que la seta que se consigue y se comercializa como "seta de cardo", no tiene ningún parecido con la silvestre, la que brota directamente de las raíces de esta planta.

Algunos aficionados me han comentado, sin entrar en otros condicionantes, que estoy seguro que existen, que se necesitaría una gran superficie de terreno, yo no pienso igual, creo que se necesita terreno, pero no tanto. En eso estamos.

Este pudiera ser solo uno de los contratiempos que ha hecho desistir en el empeño a personas, que como yo, han pensado en algún momento que esto pudiera ser posible. En la actualidad existen empresas que nos venden "el micelio de este hongo" para que la cultivemos en casa en "pacas" de paja inoculadas con su micelio, pero no se ha logrado que las setas producidas tengan las excelentes características al paladar que las que se recolectan directamente en su hábitat natural. Prueba de ello es que el precio de venta para consumo de la seta cultivada es mucho menor que el precio que puede llegar a alcanzar en plena temporada la seta recogida en el campo por aquellos aficionados que después de haberlas degustado personalmente, o compartirlas con amigos o familiares, deciden vender algunos kg. en pequeñas tiendas y restaurantes. Tiene su lógica ya que, salvo en contadas ocasiones, se llegan a recoger grandes cantidades y siempre en lugares privilegiados coincidiendo con años en que las condiciones climatológicas hayan sido muy favorables, es mucho lo que hay que andar y el tiempo que hay que dedicar para recolectar un solo kg. de esta suculenta seta, es mucha la superficie de terreno que hay que explorar con largas "caminatas". A esto hay que añadir que cada vez son más las personas que se aventuran y salen al campo a recolectarla. Otras es el mero desconocimiento haciéndose con ejemplares de pequeño tamaño que no han llegado a su madurez no percatándose de que esa práctica es muy perjudicial ya que se impide la dispersión natural de esporas y su propagación a nuevos asentamientos para producir nuevos setales.

Cada vez son menos y más reducidos los terrenos en donde buscar debido al aprovechamiento intensivo de los mismos con fines agrícolas. En la actualidad son pocas las tierras que se dejan en "barbecho" por lo que van disminuyendo los terrenos en los que esta seta encuentra las condiciones adecuadas para prosperar.

Con el estudio exhaustivo de este hongo y los trabajos de campo pretendemos que arraigue en lugares en los que nunca ha brotado y al mismo tiempo que sean más numerosos los "setales" en los terrenos en lo que suele asentarse. No se descarta que el logro de estos objetivos pueda ser una fuente de ingresos adicionales para aquellos de vosotros que quieran dedicar parte de su tiempo al cultivo de forma ecológica de esta seta y dispongan de algún terreno que no esté siendo utilizado para otro tipo de aprovechamientos agrícolas tradicionales. Es obvio, que si lo que perseguimos es beneficiarnos únicamente nosotros de las producciones que obtengamos, esto no se puede hacer en cualquier parcela simplemente saliendo al campo e inoculando en cualquier lugar que nos parezca adecuado. Tenemos que hacerlo en parcelas de nuestra propiedad y si no disponemos de ellas debemos de procurarnos las autorizaciones o permisos de sus propietarios, pero tampoco sería suficiente ya que de tener éxito corremos el riesgo de que no nos podamos beneficiar de lo conseguido porque pudiera ocurrir que otras personas piensen que lo que crece en el campo *"no es de nadie o es del primero que lo encuentre"*.

Para evitar que ocurra es aconsejable que estos asentamientos estén protegidos contra la entrada de posibles "intrusos" que tengan la idea, bastante generalizada por desgracia, de que todo lo que nace y crece en el campo es de todos y que no tiene dueño. Como medida preventiva y disuasoria solo se me ocurre que estas parcelas estén delimitadas con la protección de un vallado. Esto conlleva unos costes a tener muy en cuenta y pudiera ser motivo de desánimo a la hora de emprender nuestro proyecto.

Lograr nuestro propósito requiere de un estudio minucioso y pormenorizado del ciclo de vida del hongo PLEUROTUS ERYNGII del que fructifica la **seta de cardo**, así como de la planta sobre la que se sustenta el **cardo corredor**. Necesitamos saber todo lo relacionado con ambos "seres" de forma individualizada para así poder entender como interaccionan entre sí, necesitamos conocer sus necesidades, la climatología, los tipos de suelo, como entran en contacto, etc.

Utilizaremos como "laboratorio" una parcela que reúne alguno de los requisitos necesarios para nuestras investigaciones. En ella se llevarán a cabo las distintas fases del proyecto, se dividirá en pequeñas "sub-parcelas" en las que se estructurarán zonas diferenciadas en las que se realizarán los trabajos de campo.

La parcela está situada en la localidad de Tariego de Cerrato (PALENCIA) al norte de la Comunidad Autónoma de Castilla y León, está completamente vallada de aproximadamente 2,5 Ha. de extensión y reúne las condiciones idóneas para el desempeño de los trabajos que nos proponemos.

En ella ya brota la seta y la planta a la que se asocia de forma espontánea. La planta se puede ver por toda la extensión de la parcela aunque su densidad no es homogénea, y la seta en algunos puntos en lo que están consolidados los setales desde hace algunos años. El suelo también reúne muy buenas condiciones ya que en esas más de dos hectáreas hay zonas con distinta textura que nos ayudará a contrastar distintos ecosistemas en una pequeña superficie. La composición organoléptica es muy diferente y variada, coexistiendo zonas de terreno francamente básicas y otras ligeramente ácidas, zonas de suelo arcilloso y arenoso pasando por composiciones intermedias más o menos francas.

La dividiremos en pequeñas parcelas y recopilaremos datos de los distintos parámetros que vallamos obteniendo. Los resultados se monitorizarán en ANOTACIONES DE CAMPO que se incorporan a los trabajos. Como complemento y apoyo se adjuntan ilustraciones, fotos y referencias tomadas de otros autores que han realizado algún estudio acerca del reino de los hongos. No es mucho lo escrito acerca de la Pleurotus Eryngii, más concretamente sobre la interacción y asociación entre la seta y la planta que parasita, esto será fundamental en nuestro estudio y en esta línea profundizaremos.

Si la tesis de que esta seta solo crece de la raíz del cardo (eryngium campestre) y que se asocia únicamente a ella, es cierta, es imperativo obligado que conozcamos a fondo todo lo relacionado con esta planta. A través de un pormenorizado estudio comprenderemos mejor el comportamiento y desarrollo del hongo "Pleurotus Eryngii". Esta es una de las tesis que deseamos confirmar ya que no existe unanimidad de criterios entre las personas y entidades que han estudiado este hongo.

Dedicaremos un apartado concreto al estudio del ciclo vegetativo de esta planta, desde que nace hasta que muere, si conocemos con detalle cómo se desarrolla la planta llegaremos a comprender mejor como vive y se desarrolla el hongo. La publicación comienza por describir lo que sabemos sobre estos dos seres, la información se ha tomado de distintas fuentes a las que se hará mención.

En este intento de búsqueda de la información que he considerado necesaria me he encontrado con que no existen muchos trabajos específicos; como ejemplo, no he encontrado mucho que trate sobre la planta o al menos no relacionado con lo que nos interesa en este trabajo. Esta falta de información es más llamativa cuando lo que no se encuentran son escritos o trabajos específicos que versen sobre la interacción entre la planta y el hongo. No pretendo realizar un "copia y pega" de lo ya publicado por otros autores o entidades, únicamente expondré lo que sea de interés como introducción al proyecto. Las reseñas, notas, imágenes, etc. que he creído conveniente citar las mostraré indicando la fuente de donde provienen.

Las experimentaciones y observaciones que realice irán precedidas de las siglas "**Fvg**" para su diferenciación. Puede que algunas de las tesis y afirmaciones que aquí se expongan estén equivocadas o requieran alguna aclaración más en profundidad y que personas más experimentadas y conocedoras del tema no estén de acuerdo con ellas. Sobre esta base considero interesante, y de agradecer por mi parte, que me lo hicieran saber. También pudiera ser que existan personas que tengan algo que aportar y deseen compartirlo. Una y otra cuestión hacérmela llegar con la corrección o sugerencia que creáis oportuna a la siguiente dirección de correo electrónico: felixviga@gmail.com

ESTRUCTURA DE EXPOSICIÓN

La publicación se estructura en BLOQUES numerados del I al IX. Cada uno trata sobre un tema concreto, pero todos relacionados entre sí. Se complementan e intentan proporcionar una visión de conjunto abarcando todos los aspectos que tienen importancia dentro del proyecto.

Los bloques I, II, III y IV tratan sobre los hongos en general, de los hongos del género Pleurotus, de la planta que sustenta al P. Eryngii (nuestra seta) y sobre la seta, respectivamente. En estos apartados se han tenido en cuenta distintas fuentes que nos ilustran y describen aspectos generales relacionados con el reino fungi, el reino de los hongos, recopilando aquello que pudiera tener interés sin entrar en detalle ya que no se requiere en nuestros trabajos. El resto de bloques de contenido tratan específicamente del hongo que produce la seta y de todos los aspectos que tienen relación directa con ella.

Se documenta con un minucioso desglose de los resultados obtenidos en los trabajos de campo que se han realizado durante los últimos cuatro años. Se dedica un bloque específico a la descripción y características de la parcela en la que desarrollamos las prácticas y de la que se han recopilado los datos. Se monitorizan los resultados de todos los "muestreos" y se realiza un seguimiento de todo lo que se ha ido haciendo en ella.

Se incorporan más de 350 imágenes y fotografías que nos ayudarán y complementarán el estudio.

He intentado una redacción y exposición sencilla para aquellos de vosotros que desconozcan este mundillo, pero que; sin embargo, les interese todo lo relacionado con este hongo. Para los que ya posean algún conocimiento sobre micología, por muy básico que sea, esto les puede resultar innecesario por lo que les pido un alto grado de paciencia y condescendencia.

BLOQUE I

SOBRE LOS

HONGOS EN

GENERAL

Fuente: **APUNTES SOBRE EL FASCINANTE REINO DE LOS HONGOS.**
http://www.myas.info/cdsetas/HTML/FRHongos.htm

Nota: Trabajo muy completo y bien estructurado (resumido). Algunas fotos e imágenes pertenecen a otras fuentes.

I.- Introducción

Los hongos son organismos y microorganismos que viven y se desarrollan en la Naturaleza. Constituyen un Reino independiente de animales y plantas, llamado Fungi o de los Hongos.

Características principales de los distintos REINOS.

Reino Vegetal: *Autótrofos*
Elaboran su propio alimento a partir del agua, la luz y los nutrientes inorgánicos (Fotosíntesis).
Sin movimiento
Reproducción: Semillas

Reino Fungi: *Heterótrofos con digestión externa.*
Ser vivo que no es capaz de producir su propio alimento y tiene que alimentarse de lo que producen otros seres vivos.
Forma de digestión característica que tienen los hongos, liberando enzimas que descomponen los nutrientes para su absorción por parte de las células.
Sin movimiento.
Reproducción: Esporas

Reino Animal
Heterótrofos con *digestión interna.*
Forma de digestión característica de los animales.
Con movimiento.
Embrión.

No todos los hongos producen setas, que son el "fruto" de algunos hongos.
Las esporas son las "semillas" mediante las cuales se reproducen los hongos.
Los seres vivos se agrupan o clasifican en Reinos y todos los seres vivos pertenecientes a un mismo reino tienen características comunes.
Los hongos no son plantas porque no pueden realizar la fotosíntesis y por tanto, deben tomar el alimento elaborado por otros seres, que están todavía vivos o ya muertos.

II.- Definición y reproducción de los hongos

Los hongos son seres vivos formados por un conjunto de células generalmente alargadas, llamadas hifas que se agrupan en un manto llamado micelio.

Ese manto, a veces es apreciable a simple vista y otras veces sólo con la ayuda del microscópico.

Los hongos pueden reproducirse de diferentes formas:

Asexual. Se multiplican las células dando lugar a nuevas hifas.

Sexual. Mediante la producción de células llamas esporas. Son las "semillas" o células reproductoras de los hongos y tienen dimensiones microscópicas.

Al igual que las células reproductoras del hombre, que pueden ser masculinas (espermatozoides) y femeninas (óvulos), los hongos tienen esporas diferentes, esporas "+" y esporas "-".

III.- Clasificación de los hongos

Los hongos están presentes en casi todos los ambientes en los que existe vida.

Se conocen millones de especies diferentes, que según el tamaño, se clasifican en dos grandes grupos:

Hongos microscópicos, como por ejemplo, la levadura del pan, de la cerveza o el moho, que tienen funciones muy diversas. En ocasiones pueden producir enfermedades que afectan a plantas, animales o seres humanos.

Hongos macroscópicos o superiores: Son los hongos que producen setas. Se llaman hongos superiores porque evolucionaron a partir de los anteriores, desarrollando una parte que produce y ayuda a la diseminación de sus esporas.

IV.- Utilización de los hongos

Tradicionalmente, los hongos se emplearon para: Hacer fuego, obtener tinta, teñir la ropa….

El color del queso azul se debe a los hongos que viven en él, y que le dan ese sabor y olor tan particular.

La levadura es un hongo microscópico que se añade a la masa del pan para que se alimente de los hidratos de carbono de la harina y produzca gases que hacen que el pan sea esponjoso.

En el momento actual, las setas cada vez son más valoradas y representan un recurso para el desarrollo de numerosos territorios. Forman parte de una gastronomía cada vez más refinada, han dado origen a diferentes industrias agroalimentarias y constituyen un elemento de ocio por el placer de su recolección.

Asimismo, los hongos microscópicos han cumplido y cumplen importantes funciones. No hay que olvidar, la levadura con la que se hace el pan, su papel en la fermentación de la cerveza, su empleo en la producción de detergentes o su uso como potenciador del sabor en los quesos.

Una de las funciones más importantes de los hongos que se intenta potenciar se relaciona con la mejora del medio ambiente.

Por ejemplo, se están utilizando para descomponer ciertos residuos orgánicos, tales como los de las azucareras, los fenoles de la industria de la madera o algunos plásticos.

También como "filtros biológicos" para eliminar metales pesados. El ejemplo más próximo lo encontramos en la zona afectada por vertidos tóxicos en las proximidades del Parque Nacional de Doñana.

Las setas constituyen un buen alimento por su riqueza en proteínas, hidratos de carbono, vitaminas y otros elementos esenciales como el fósforo y el potasio; además, su contenido en grasas es bajo.

Por ello, desde hace tiempo las personas, aparte de comer setas silvestres, "cultivan" hongos para obtener setas, con fines alimenticios. Cada vez existe un número mayor de setas cultivadas que podemos consumir.

Los hongos producen unas sustancias para defenderse de las bacterias, son los antibióticos, tan imprescindibles para los seres humanos, puesto que han ayudado a combatir ciertas enfermedades.

Alexander Fleming descubrió en 1928 la llamada penicilina, un antibiótico básico en el tratamiento de infecciones, que contribuyó al descenso de la mortalidad.

Los hongos son tratados en los laboratorios para extraer sustancias empleadas en la fabricación de numerosos medicamentos.

V.- La vida de los hongos macroscópicos o superiores

1.- Ciclo biológico de los hongos macroscópicos o superiores.-

Los hongos macroscópicos están formados por unos filamentos llamados hifas.

Las hifas se agrupan formando el micelio que constituye un manto generalmente situado bajo el suelo. También se puede situar en otros lugares como debajo de la corteza de los árboles.

Los hongos superiores desarrollan sus cuerpos fructíferos o setas, a partir de los cuales se reproducen.

El micelio crece y se extiende y cuando las condiciones de humedad y temperatura son las adecuadas para cada especie, este "fructifica" y produce las setas, que portan las esporas o células encargadas de la reproducción sexual de los hongos. Algunas esporas germinan dando lugar, en la mayoría de los casos, a un micelio primario, que puede ser positivo o negativo. Al unirse dos micelios de signo distinto dan lugar al micelio secundario, cerrando el ciclo.

Las setas son la parte del hongo encargada de producir, proteger durante su desarrollo y diseminar las esporas hacia otros lugares. Acción que realizan las setas con la ayuda de otros agentes como el viento, el agua o los animales, para esparcir sus esporas.

En algunas especies de hongos, el micelio crece y se extiende formando círculos. La parte central se va muriendo progresivamente, por lo que se concentra la producción de setas en el anillo exterior. A esta formación se le llama "corro de brujas".
El micelio es el conjunto de filamentos o hifas que forman la parte vegetativa del hongo.

2.- ¿Cómo se alimentan?

De acuerdo con la forma de alimentación, los hongos se clasifican en:
Saprófitos: Se alimentan de materia orgánica muerta.
Micorrícicos: Se asocian con las plantas para obtener beneficio mutuo.
Parásitos: Viven a expensas de otros seres vivos.
Los hongos no pueden fabricar su propio alimento, han de tomarlo de otros seres vivos.

Hongos saprófitos:
Los hongos saprófitos son los recicladores del bosque. Se alimentan de materia orgánica muerta como hojas, madera y cortezas, y contribuyen a su descomposición, devolviendo los nutrientes al suelo.
Algunos hongos saprófitos se han especializado tanto en su alimentación, que sólo se nutren de:
Raíces muertas del cardo corredor como la famosa SETA DE CARDO.
Piñas caídas, como la MICENA DE LAS PIÑAS.
Excrementos de vaca, en los que germinan las esporas, una vez que han pasado por el aparato digestivo de la vaca.

Hongos micorrícicos:
Se denominan hongos micorrícicos a los que forman una asociación con las raíces de las plantas llamada micorriza.
La planta proporciona al hongo azúcares y alimento elaborado. El hongo ayuda a la planta a tomar el agua y los nutrientes del suelo, como si fuera una extensión de sus raíces.

El micelio invade las raíces del árbol generando una unión provechosa para ambos.

La mayoría de las plantas se asocia a diferentes especies de hongos para conseguir un mayor desarrollo.

La micorriza es el lugar donde el micelio del hongo penetra en las raíces de los árboles y se produce el intercambio.

El ciclo biológico de los hongos micorrícicos y los saprófitos

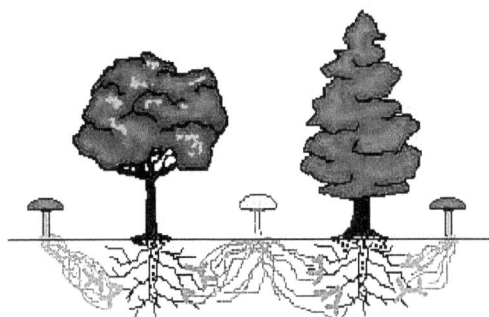

Estructura de la interrelación típica entre hongos micorrícicos macroscópicos y especies forestales
Fuente: (dibujos) UNIVERSIDAD DE SAN CARLOS DE GUATEMALA

Hongos parásitos:

Se alimentan y desarrollan a expensas de otros seres vivos. En ocasiones, llegan a causar la muerte del ser parasitado, contribuyendo a la selección natural de las especies.

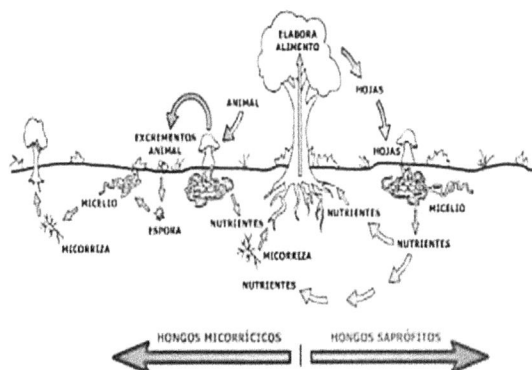

Los hongos parásitos también son necesarios, ya que juegan un papel importante en la naturaleza: contribuyen a la selección natural, eliminando los débiles, enfermos o viejos.

3.- ¿Dónde viven?

Los ecosistemas en los que habitan los hongos macroscópicos son muy diversos dada su gran variedad y sus diferentes formas de alimentación. De esta forma, pinares, robledales, encinares, dehesas, praderas, pastizales o eriales son algunos de los hábitats naturales donde encontramos setas. Las características del suelo y de la masa arbórea son un indicativo de los distintos tipos de hongos macroscópicos que podemos encontrar.

VI.- Características de las setas

Las setas (o carpóforos) son los cuerpos fructíferos de los hongos superiores o macroscópicos. Su principal función es desarrollar y diseminar las esporas, que se almacenan en su interior en ascas o basidios sólo visibles al microscopio.

Esta forma de almacenar las esporas permite clasificar los hongos en dos grandes grupos: ascomicetos y basidiomicetos.

En la Naturaleza existe una gran variedad de hongos que producen setas, de las que muchas son comestibles y por ello, muy apreciada por los seres humanos. Otras, sin embargo, son tóxicas e incluso algunas mortales.

Ascomicetos: Son los hongos superiores o macroscópicos cuyas esporas de origen sexual se encuentran encerradas en ascas.

Basidiomicetos- Son los hongos superiores o macroscópicos cuyas esporas de origen sexual se forman en el exterior de los basidios.

Existen hongos que desarrollan setas subterráneas, como por ejemplo, las trufas, muy apreciadas en gastronomía por su aroma y sabor.

Partes de una seta y sus funciones.-

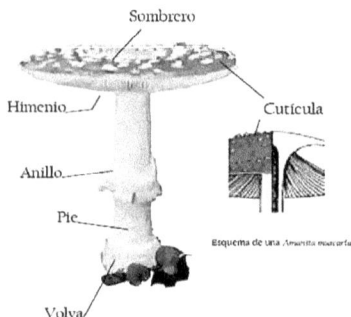

FUENTE: imagen tomada de: CUADERNOS DEL ARBORETO LUIS CEBALLOS nº 3

Formas de las setas.-

Para garantizar la formación y dispersión de sus esporas, los hongos evolucionaron desarrollando setas con diferentes formas.

Algunos producen setas con sombrero (carpóforo) en forma de disco o cazo, sobre las que se desarrollan las esporas que se dispersan por el agua.

Otros desarrollaron sombrero y pie para proteger la parte fértil y dispersar las esporas por el viento. Son las típicas setas que conocemos.

La cubierta protectora de las setas se llama cutícula.

convexo

extendido o plano

ligeramente convexo

RedFor. Red Forestal de Desarrollo Rural Proyecto piloto en el marco de la Red Rural Nacional. Financiado por el Ministerio de Agricultura, Alimentación y Medio Ambiente y por el FEADER

deprimido

apezonado

cónico

Nota: Son las más significativas existiendo otras formaciones intermedias dependiendo del tipo de hongo.

Tipo de himenio.-

El himenio es la parte fértil de la seta o carpóforo en la cual se produce la verdadera fusión celular y la producción de esporas sexuales. El himenio siempre está situado en la zona más protegida de la seta debido a la importancia de la tarea que tiene asignada. Por ello normalmente está bajo el sombrero y puede ser básicamente de cuatro modalidades:

- *Láminas.*
- *Tubos*
- *Aguijones*
- *Pliegues*

Laminas

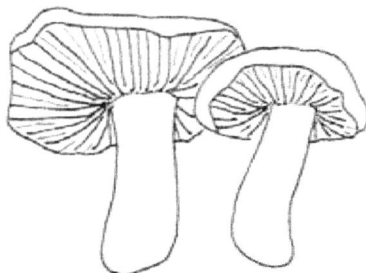

http://www.infojardin.com/foro/showthread.php?t=115331

Tubos

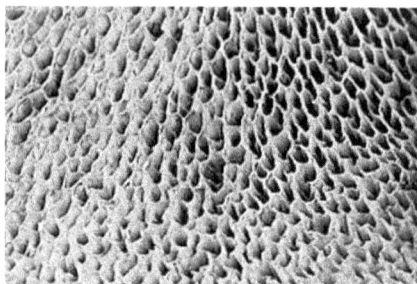

Richard Williams
Tubos

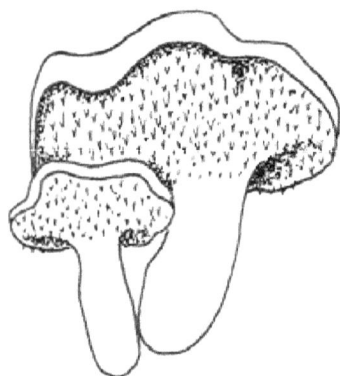
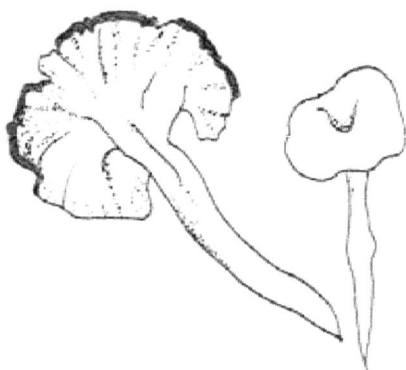

Aguijones   *Pliegues*

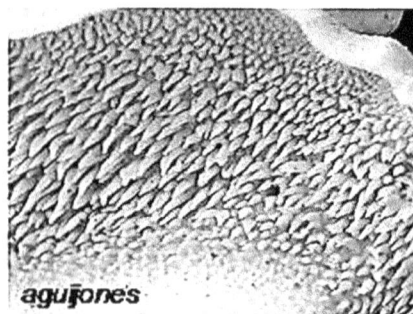
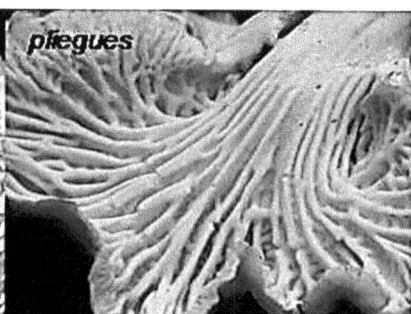

http://www.micomania.rizoazul.com

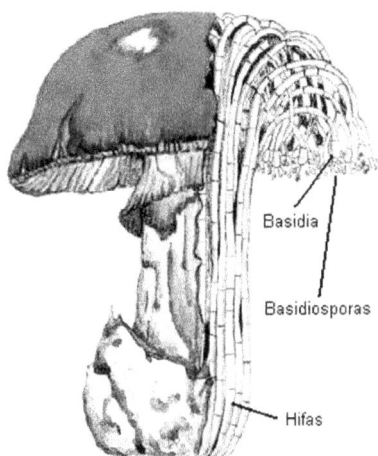

Estructura interna del carpóforo de un basidiomiceto (Kobold,2000)

Basidia

Basidiosporas

Hifas

- La cutícula es la cubierta protectora del sombrero.
- El sombrero es la parte de la seta que se sitúa sobre el pie y cuya función es proteger la formación y desarrollo de las esporas. El sombrero puede tener formas, colores y tactos muy variados. Por estas características podemos identificar las setas.

Las principales formas que adoptan los sombreros son las siguientes:

Convexo o hemisférico Esférico o globoso.
Pezuña o abanico forma de copa.
Cónico aplanado.
Embudado acampanado.

La función del sombrero es proteger la parte fértil de las setas.
Sobre el sombrero, a veces, aparecen escamas o verrugas que se desprenden, como en la famosa Amanita muscaria o "matamoscas".
- El himenóforo (himenio) es la parte situada bajo el sombrero, constituida por láminas, pliegues o tubos, que contiene las esporas. El himenóforo es una parte muy significativa de las setas ya que en él se forman las esporas, imprescindibles para la reproducción sexual de los hongos.
Adopta distintas formas como láminas, tubos, pliegues o aguijones.
Por ser una parte tan delicada, algunas especies cuando son jóvenes están provistas de una membrana que lo protege, llamada "velo parcial". Cuando la seta se desarrolla, los restos de esta membrana se quedan sujetos en la mitad superior del pie de la seta, formando un "anillo".
- El anillo es una especie de membrana procedente del velo parcial que tienen algunas setas en la parte superior del pie.

- El pie es la parte de la seta que sostiene el himenóforo y el sombrero. A las setas que no tienen pie se las denomina sésiles (carente de pie). El pie es el encargado de sostener el sombrero y el himenóforo, para proteger las esporas de la micro fauna y favorecer su dispersión por el viento. Adopta formas más o menos cilíndricas.
La característica más importante del pie es la estructura de su carne, que puede ser fibrosa (imposible partir con la mano) o granulosa (se rompe fácilmente).
- La volva es la membrana procedente del velo general que envuelve la base del pie en algunas setas. En ocasiones, puede desaparecer cuando la seta madura.

No todas las setas tienen toda la parte. Algunas, aunque de jóvenes tienen anillo o volva, lo pierden al desarrollarse.

Crecimiento y desarrollo de una seta.-

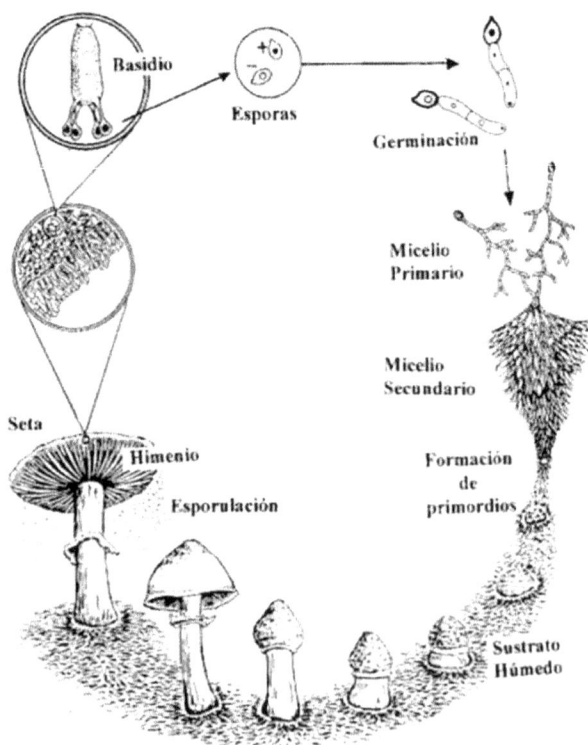

Gráfico 1. Ciclo vital de una seta saprofita
Fuente: Lo que Ud. debe de saber de las setas cultivadas.- **Sociedad Micológica Leonesa "San Jorge"**

Micelio expandiéndose.
Fuente: http://es.wikipedia.org/wiki/Micelio   Fvg. Micelio entre hojarasca en un Pinar.

Fvg.-(05/2014). Sustrato de "posos de café" (residuos de cafetera de restaurante). Se aprecia colonización del hongo Pleurotus Ostreatus. El micelio es la masa densa y blanquecina. La invasión ha sido plena.

Fvg.- (06/2014). Grupo de setas que han brotado en los "posos" de café. Pleurotus

El **micelio** es la masa de hifas que constituye el cuerpo vegetativo de un hongo. Dependiendo de su crecimiento se clasifican en reproductores (aéreos) o vegetativos. Los micelios reproductores crecen hacia la superficie externa del medio y son los encargados de formar los orgánulos reproductores (endosporios) para la formación de nuevos micelios. Los micelios vegetativos se encargan de la absorción de nutrientes, crecen hacia abajo, para cumplir su función.

Los cuerpos vegetativos de la mayoría de los hongos están constituidos por filamentos unicelulares denominados hifas. Las hifas crecen tan sólo apicalmente en el ápice. Las hifas pueden crecer con mucha rapidez, hasta más de 1 mm por hora. Por este motivo y por las frecuentes ramificaciones surge en el sustrato una maraña de hifas con una enorme superficie: el micelio. No es cierto que las setas crezcan de forma instantánea, aunque si lo hacen con cierta rapidez.

Inicialmente son una bolita, en la que apenas se puede distinguir el sombrero del pie. Poco a poco van adoptando formas variadas y desarrollando los tejidos propios de cada especie.

Clasificación general de los hongos.-

Al igual que ocurre en el Reino Animal y en el Reino Vegetal, en el Reino Fungi hay una enorme variedad de especies. Por ello, los científicos han ordenado los seres vivos siguiendo una jerarquía básica: reinos, divisiones, clases, órdenes, familias, géneros y especies. Reino: Fungi.
División: Ascomycota.
Basidiomycota.
Clase: Ascomycetes.
Heterobasidiomycetes.
Homobasidiomycetes.
Orden: Pezizales, Tuberales,...
Aphyllophorales.
Boletales.
Agaricales.
Russulales.
Gasterales.
Clasificación de los hongos por sus setas.-

Hongos con ascas: Son los hongos con esporas encerradas en una bolsa.
Los Ascomycetes más habituales pertenecen al orden Pezizales.
Hongos con basidios: Se incluyen setas con la forma típica (sombrero y pie) o setas de formas diferentes (setas atípicas).
Setas típicas (con sombrero y pie). Los Basisiomycetes más habituales con forma de seta típica pertenecen a los órdenes de los Boletales, Agaricales y Russulales.

BLOQUE II

SOBRE LOS HONGOS

DEL GENERO

PLEUROTUS

Nota del autor.- *Nuestro hongo corresponde al Género Pleurotus. Antes de adentrarnos en profundidad con nuestra variedad (Pleurotus Eryngii s.p.) conviene que hagamos una breve exposición de los hongos más significativos y de interés comercial de este género. Las fuentes son diversas y se mencionan solo aquellos aspectos que nos pueden interesar.*

Pleurotus es un género de setas con el himenio laminado que incluye a algunas especies comestibles de gran interés comercial, como el champiñón ostra (Pleurotus Ostreatus) o la seta de cardo (Pleurotus Eryngii).

El género posee las siguientes especies, entre otras:

- *P. acerosus*
- *P. australis*
- *P. citrinopileatus*
- *P. cornucopiae*
- *P. cystidiosus*
- *P. djamor*
- *P. dryinus*
- ***P. eryngii***
- *P. euosmus*
- ***P. ferulae***
- *P. gardneri*
- ***P. nebrodensis***
- ***P. ostreatus***
- ***P. pulmonarius***
- *P. tuberregium*

Fuente: Wikipedia

Nota: Algunas de las que figuran en caracteres en negrita son distintas variedades de nuestra seta (Pleurotus Eryngii).

Considerando su importancia veremos algunos aspectos de aquellas variedades que se están comercializando pertenecientes al género: Pleurotus: P. Ostreatus, P. Pulmonarius y **P. Eryngii**.

• Las imágenes que ilustran estas tres especies del género Pleurotus corresponden a setas cultivadas bajo control en distintos sustratos, no a la seta tal como pudiera encontrarse en la naturaleza en su hábitat.

Fuente: Sociedad Micológica Leonesa "SAN JORGE"

PLEUROTUS OSTREATUS (Jacquin ex Fries) Kummer

Nombre común: Seta de ostra

Características generales: Esta especie ha sido vulgarmente llamada seta de ostra por su parecido a la ostra y por su forma de concha. Crece cespitosa, formando racimos, sobre tocones y troncos de frondosas y otras especies arbóreas.

Es una seta bastante variable tanto en sus dimensiones como en su aspecto. Su tamaño varía en función de la edad y de la cantidad de sustrato que la alimenta, encontrándose ejemplares que llegan a medir hasta 20 o 30 cm. de diámetro; la forma depende también de la edad, primero es abombada y finalmente llega a ser plana. En cuanto al color puede variar desde el gris claro a gris pizarra oscuro de tono violáceo o azulado y desde color café con leche a pardo; algunas variedades pueden presentar tonos verdosos o azul-verdoso muy llamativos.

En las setas de cultivo se puede cambiar la tonalidad de esta especie a voluntad simplemente variando la iluminación en el local de producción. Las láminas son de color blanco o ligeramente crema, muy decurrentes en la parte superior del pie.

El pie es corto, algo peloso en la base y siempre lateral.

La carne del sombrero es blanca, bastante sabrosa, algo elástica, tierna en los bordes y más correosa a medida que se aproxima al pie. La carne del pie es muy fibrosa y consistente, desechable, aunque algunos cultivadores la aprovechan para hacer paté.

Esta especie es bastante común en España, sobre todo en tocones de chopo.

- ***PLEUROTUS PULMONARIUS:***

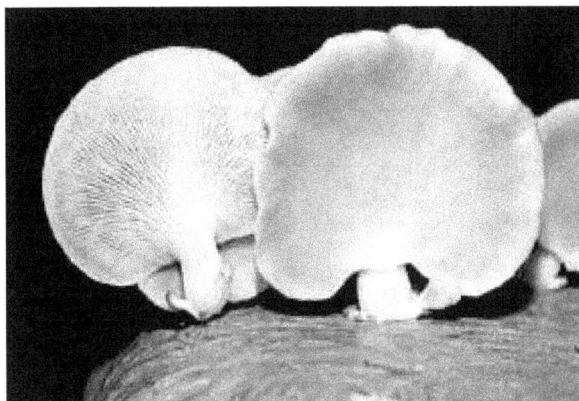

PLEUROTUS PULMONARIUS (Fries) Quelet.

Nombres vulgares: Pleurotus de verano.

Características generales: Esta seta es generalmente muy pálida, aunque algunas formas presentan sombrero pardo oscuro o marrón, con tonalidades más oscuras cuanto más baja es la temperatura y más alta la iluminación. Crece independiente o formando racimos de pocos ejemplares. Tiene un sombrero plano desde el principio que con la edad se vuelve ondulado por el borde. Pie muy delicado, corto y muy excéntrico.

Láminas blancas, ligeramente crema y decurrentes. Normalmente más pequeña que el *P. ostreatus,* su tamaño oscila entre 5 y 15 cm. de diámetro del sombrero. La carne es blanca, con poca fragancia pero de sabor agradable y delicado.

Una inadecuada forma de manejar su cultivo puede producir muchas setas pero de pequeño tamaño, lo cual provoca cosechas escasas de peso, costosas en mano de obra y mala presentación.

Para evitar este problema es conveniente reducir el número de agujeros en los sacos de sustrato obteniendo así menos setas pero más carnosas. Produce en su madurez, una gran esporada que obliga a los cultivadores a tomar precauciones antialérgicas.

- ***PLEUROTUS ERYNGII:*** (Se describen en otro apartado algunas de las variedades de este género que es el que nos interesa en nuestro trabajo).

PLEUROTUS ERYNGII **(De Candolle ex Fries) Quelet**

Características generales: Esta seta tan frecuente y buscada en tierras de Castilla y León tiene un sombrero de 4 a 9 cm de diámetro, convexo, después aplanado y deprimido en el centro con el borde enrollado hacia abajo. Cutícula separable, de color beige a marrón oscuro, muy variable según la climatología.

Láminas muy decurrentes, blancas al principio y finalmente ocráceas. Pie generalmente excéntrico y blanquecino.

Carne compacta, dulce y olorosa.

Esta especie crece en primavera y otoño en praderas y bordes de caminos sobre las raíces del cardo corredor *(Eryngium campestre)*. Hay variedades que nacen sobre las raíces de otras umbelíferas. Todas ellas son excelentes comestibles, generalmente más grandes y con tonos más claros. De forma silvestre es abundante en España, Marruecos y zonas meridionales europeas.

Origen de su cultivo: El cultivo de la seta de cardo se ha conseguido hace pocos años pero debido a su lento crecimiento y a su necesidad de aire fresco es necesario esterilizar completamente el sustrato y ventilar mucho el local de cultivo, lo cual dificulta el mantenimiento de la humedad y temperatura correctos. Su cultivo se practica solo de forma estacional en Italia. Muy poco en España. En Madrid suele venderse ocasionalmente.

Esta especie no se logra de forma artesanal. Los sustratos requieren una perfecta esterilización para resistir sin contaminarse durante su larga incubación.

DISTINTAS VARIEDADES DE <u>PLEUROTUS ERYNGII</u>

Se han clasificado distintas variedades de P. Eryngii que aparecen sobre restos de otras umbelíferas:

Pleurotus eryngii var. nebrodensis, ya conocida como **Pleurotus nebrodensis** (Inzenga)Quélet, casi blanca y que fructifica en raíces de Laserpitium latifolium.

Pleurotus eryngii var. Ferulae (Lanzi) Sacc., de mayor tamaño y colores intermedios, más claro que la **Pleurotus eryngii** (De Candolle.:Fries) Quélet., y más oscuro que la **Pleurotus nebrodensis** (Inzenga)Quélet que fructifica sobre Ferula comunis.

Pleurotus eryngii var.elaeoselini Venturella, Zervakis & La Rocca (2000), que crece asociado generalmente al Elaeoselinum asclepium.

Pleurotus eryngii var.thapsiae Venturella, Zervakis & Saitta (2002), en las raíces de Thapsia gargánica

Difícilmente se podría llegar a confundir con algunos Clitocybes tóxicos, más claros de cutícula, de pie central, láminas menos decurrentes y olor muy diferente.

Fuente: http://www.amanitacesarea.com/pleurotus-eryngii.html

PLANTAS A LAS QUE SE ASOCIAN ESTAS SETAS.

Pleurotus Eryngii Var. Nebrodensis. Seta de caña

Pleurotus nebrodensis su residui di *Cachrys ferulacea* (foto Nicola Amalfi)

http://www.gruppomicologicomilanese.it/pages/p_articoli_05pleurotus.html

Planta con la que interacciona: ***Laserpitium latifolium***

Laserpitium latifolium L. Es una especie perteneciente a la familia Apiaceae.

Descripción: Casi glabra, grisosa, perenne de hasta 1,5 m, de sólido tallo costillado, ramoso por arriba. Hojas muy grandes bipinnadas, con lóbulos ovados, dentados y peciolados, con prominente costilla central; pecíolos de las hojas inferiores lateralmente comprimidos, los de las superiores muy hinchados. Flores blancas, en umbelas de 25-40 radios primarios, con numerosas brácteas estrechas deflexas de márgenes membranosos; pocas bractéolas , subuladas. Fruto ovoide, de amplias alas onduladas. Florece a final de primavera y en verano.

Fvg.- (05/2014). Laserpitium latifolium a poca distancia de la zona en la que desarrollamos los trabajos.

Pleurotus eryngii var. ferulae

Fuente: http://www.fungipedia.es /setas-informacion-y-consultas/5-fotografia-micologica/37254-pleurotus-eryngii-var-ferulae.html

Planta con la que interacciona: **Ferula communis**

Descripción: Tallos erectos, cilíndricos, de hasta 2 cm de grosor, surcados. Hojas tiernas, 3 hasta 4 (6) veces foliadas. Folíolos lineares, planos, de 1,5-5 cm de largo. Hojas inferiores de 30-60 cm de largo, con pecíolo largo y cilíndrico. Hojas superiores con limbo grande y llamativo. Las hojas más altas envainadoras. Las umbelas terminales, cortamente pedunculadas, de 20 hasta 40 radios son las únicas fértiles, y están rodeadas de umbelas laterales, largamente pedunculadas estériles. Brácteas ausentes. Bractéolas caedizas.

Cáliz diminuto. Pétalos amarillos, de 8 mm de largo. Frutos de unos 15 mm de largo, aplanados y alados. La similar *Ferula tingitana*, que aparece en el sur de España, con folíolos enrollados en el margen.

http://es.wikipedia.org/wiki/Ferula_communis

Pleurotus eryngii var.elaeoselini

Fuente: http://herbariovirtualbanyer es.blogspot.com.es/2012/07/ elaeoselinum-asclepium- hinojo-marino.html

Planta con la que interacciona: *Elaeoselinum asclepium*

Fuente:
http://herbariovirtualbanye
res.blogspot.com.es/2012/0
7/elaeoselinum-asclepium-
hinojo-marino.html

Descripción FAMILIA: UMBELIFERAS
CASTELLANO: HINOJO MARINO
CARACTERÍSTICAS
-Hierba vivaz. Hasta 1 m.
-Las hojas son casi todas basales, de contorno triangular y fuertemente divididas en segmentos lineales.
-Forma una inflorescencia larga y robusta que se va   ramificando formando grandes umbelas casi esféricas de flores amarillas. Florece de mayo a julio.
-Forma biológica: hemicriptófito.

Pleurotus eryngii var. Thapsiae

Pleurotus eryngii var. *thapsiae* sobre *Thapsia gargánica* (foto Nicola Amalfi)

Planta con la que interacciona: *Thapsia gargánica*

http://florapugliese.blogspot.com.es/2008/10/thapsia-garganica.html

Descripción

La tapsia es una poderosa planta medicinal cuyo nombre binomial es Thapsia gargánica. Se trata de una hierba perenne que tiene una raíz bastante gruesa y tallo elevado que puede superar con facilidad el metro y medio de altura. El tallo de la tapsia está poblado de flores amarillas y cuenta con hojas basales divididas en segmentos muy finos. Es una planta que crece de manera predominante en matorrales en los meses que van de mayo a junio (época de florecimiento). El momento de recolección ideal para la tapsia es durante el verano, época del año en la que las flores de esta planta se secan de forma natural. El nombre de la planta de tapsia tiene origen en la isla de Thapso, sitio en el que se la encontró por primera vez.

Fuente: Asociación Micológica El Royo.- http://www.amanitacesarea.com/pleurotus-eryngii.html

¿OTRA VARIEDAD THAPSIAE?

PLEUROTUS ERYNGII var. Thapsia villosa

No he encontrado información concreta que sobre este taxón. Lo que he podido comprobar es que quizás existe algo de confusión a la hora clasificar las distintas variedades de Pleurotus asociadas a las distintas plantas de la familia de las umbelíferas.

La controversia se suscita principalmente entre dos plantas del género Thapsia, la **thapsia gargánica y la thapsia villosa.**

Se pueden confundir fácilmente si no observamos minuciosamente de cuál de ellas brotan las setas. Tenemos que diferenciar y clasificar bien la planta. Estas umbelíferas pueden dar origen a confusión a la hora de clasificarlas ya que dependiendo del estado de desarrollo en el que se encuentren pueden ser causa de una identificación errónea, si no identificamos bien la planta tampoco lo haremos del hongo que pudiera brotar de ella. En algunas, la diferencia viene dada por el color de las flores y en otras, como puede ser nuestro caso, pueden ser por la distinta conformación de las hojas basales.

En la Pleurotus Eryngii, spp. (seta de cardo) tenemos que asegurarnos que brota en lugares en los que hay Eyngium Campestre y si tenemos dudas ver la raíz de la que brotan las setas. Al igual que la seta de cardo, esta variedad de thapsiae solo brotan de la raíz de la planta thapsia villosa *(zumillo)*. No es necesario que lleguemos a descubrir parte de la raíz, basta con comprobar que donde la hayamos recolectado existe esa planta y no otra umbelífera de gran porte. Si se tienen dudas, efectivamente, tendremos que descubrir la parte más superficial de la raíz para asegurarnos.

He podido constatar que no solo es la confusión entre estas dos variedades de thapsiae, en distintas fuentes que he podido consultar, se confunde con otras, como es la seta que brota de la planta Elaeoselinum Asclepium de la que brota la seta Pleurotus Eryngii var. Elaeoselini.

Con esto quiero aportar mi pequeño granito de arena y reivindicar la existencia de un TAXON que pienso que no está descrito de forma adecuada, este sería un nuevo ejemplar de hongo que brota solo y exclusivamente de la **THAPSIA VILLOSA.** Con motivo de los trabajos de campo que se están realizando, este otoño he podido recolectar hermosos ejemplares de setas que brotan de las raíces de esta umbelífera, LA THAPSIA VILLOSA. Muestro alguna imagen que ilustra lo que estamos diciendo.

Fvg.- (06/06/2013). Thapsia villosa en el Cerrato Palentino

Fvg.- (11/2014). Izq. múltiples brotes sobre tapsia villosa. Dcha. es importante que observemos las hojas basales para una correcta identificación ya que avanzado el otoño, cuando puede brotar la seta, no está la parte aérea de la planta.

Fvg.- Detalle de la raíz de la thapsiae villosa. Leñosa,fibrosa, y de gran consistencia.

BLOQUE III

SOBRE LA SETA

DE CARDO

[Pleurotus Eryngii]

NUESTRA SETA POR EXCELENCIA EN TIERRAS DEL CERRATO.

PLEUROTUS ERYNGII (seta de cardo silvestre)

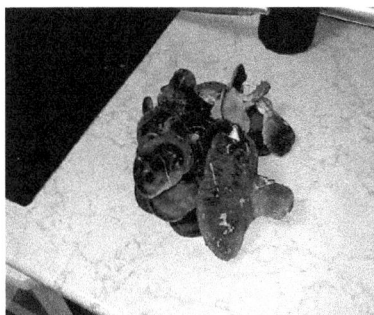

Fvg.- Racimo de setas de cardo recolectadas en 11/2012 en la parcela. Brote múltiple de una sola raíz de CARDO (aprox. 300 gramos).

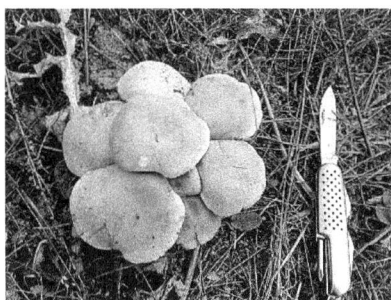

Fvg.- Esto es lo ideal y lo que perseguimos. Distinta tonalidad debido a la época de recolección.

*Fvg.- (15/10/2013).
Excelente grupo en la
parcela de nuestras
prácticas. Son ejemplares
que han brotado en zonas
en las que todos los años
lo hacen. No
corresponden a
inoculaciones forzadas.*

Nota: *donde dice "nuestra parcela" o "parcela de nuestro estudio" hacemos referencia al lugar en el que se desarrollan las prácticas y trabajos de campo. Se dedica un bloque específico para describir las características de la misma.*

¿Qué sabemos?

MUCHO O QUIZÁS NO TANTO....

A los que nos fascina esta singular "seta", y en especial los que siendo de estas tierras hemos tenido el enorme placer de degustarla, sabemos que es **una exquisitez al paladar y que nos gusta ir a su encuentro**. Es la seta más conocida y buscada por estos campos de la meseta, en especial en la zona en la que resido, "*el Cerrato palentino*". En toda Castilla y León somos muchos los aficionados que llegado el otoño salimos a su encuentro. Estas tierras y su climatología reúnen unas condiciones privilegiadas para el asentamiento de este SETA. La que recolectamos por estas tierras tiene un sabor y aroma que la distingue de la que se puede recolectar en otras zonas de España.

Como sabemos es el fruto que nos proporciona el hongo Pleurotus Eryngii. Las características organolépticas y sus múltiples excelencias nutricionales, bondades gastronómicas y propiedades medicinales se han estudiado con bastante profusión. Se han publicado libros y se han realizado estudios de los que podemos disponer en internet o acudiendo a librerías que nos ayudarán a comprender todo lo relacionado con el hongo y el fruto que nos proporciona. Actualmente se comercializa y se cultiva de forma intensiva en invernaderos y otros locales acondicionados consiguiendo buenas producciones con distintos tipos de sustratos, aunque parece ser que no con pocas dificultades en comparación con otras variedades de hongos comestibles conocidos. Aun siendo esto así, no se ha conseguido que esta variedad de Pleurotus tenga el mismo sabor que la recolectada en su variante SILVESTRE, la que brota y se recolecta en otoño y en primavera en nuestros campos. Uno de los objetivos que perseguimos con estos trabajos está dirigido a conseguir forzar o ayudar a la naturaleza para que brote en más lugares y en mayor cantidad.

Hay empresas que comercializan el micelio de esta seta, lo hacen con la finalidad de que la cultivemos en casa o en recintos cerrados tipo invernadero. El cultivo se puede realizar en diversos sustratos, paja, tocones de madera, etc., pero las que se producen no aportan el mismo sabor ni textura que las que recolectamos directamente en el terreno. Las producciones que se pueden conseguir, aplicando las técnicas que estas empresas nos aconsejan, son apreciables.

Se comercializan a todo tipo de establecimientos en especial grandes superficies y locales de restauración así como pequeñas tiendas para su posterior venta al consumidor. Los precios de mercado empiezan a ser rentables para el que produce. Al igual que ocurrió con los champiñones en sus comienzos la gente se está animando a consumir este tipo de alimentos como complemento con otros e incluso como plato principal. La divulgación y conocimiento de los hongos en general ha hecho que desaparezcan muchos "tabúes" relacionados con el consumo de las setas.

La escasez de esta seta y su exquisito sabor son parámetros atractivos para que nos pudiéramos plantear su comercialización ya que puede alcanzar precios en el mercado que merece la pena tener muy en cuenta.

Es cierto que hay mucho por hacer en especial en un aspecto muy importante como es la información y divulgación de muchos cuestiones desconocidas de lo que atañes a esta seta. En otros países se comercializa como si de otra fruta o verdura se tratara. Aquí nos queda bastante camino por recorrer siendo Cataluña la región en la que esta seta se consume de forma habitual. Son muchos los Castellano-Leoneses que en plena temporada de recolección se aventuran y se desplazan a distintos lugares de Cataluña con la intención de vender algunos de los kilos recogidos. Hasta la fecha no ha existido un control sobre estas prácticas por parte de las autoridades sanitarias, pero se está empezando a regular por parte de algunas Comunidades Autónomas para ofrecer al consumidor un mayor nivel de garantías higiénico-sanitarias. En un futuro no lejano no se podrá realizar la distribución y venta sin las debidas garantías sanitarias para su consumo.

ALGUNAS DUDAS Y CONTRADICCIONES

Al igual que ocurre con otros hongos comestibles sus características organolépticas y otros aspectos, como las excelentes bondades alimenticias y nutricionales están muy bien estudiados, pero existen algunas otras cuestiones en las que no se ha profundizado lo suficiente y que son importantes que intentemos desentrañar para el desarrollo del trabajo que nos ocupa. Pretendemos realizar el estudio de este hongo bajo las mismas condiciones que lo hace en su hábitat natural, para ello debemos de tener muy presente una serie de condicionantes que hace que su comportamiento, desarrollo y ciclo vegetativo difiera bastante en comparación con el que se cultiva a nivel industrial, incluso con otros hongos de distinto género. Esta singularidad viene condicionada por la planta sobre la que se sustenta y a la que se asocia, el **Eryngium campestre** al que también dedicaremos un amplio espacio debido a la trascendental importancia que tiene como planta asociada y sin la cual no existiría.

Vamos a exponer algunas interrogantes, que aunque puedan parecer obvias todos nos hemos planteado en algún momento y puede que su mera exposición y comentario nos ayuden en nuestro cometido. Con ello intento dar luz a esas "dudas" que, al igual que yo, habéis tenido y que no han quedado resueltas. En este punto agradecería que aportarais todo aquello que ayude en este intento porque nos será de una gran utilidad para entender todo lo relacionado con nuestra seta.

Algunas de esas cuestiones pudieran ser las siguientes:

- **¿Crece únicamente de la raíz del cardo?**

Pienso que **SI**. En muchas ocasiones he tenido la curiosidad, al igual que habrá ocurrido con muchos de vosotros, de ver exactamente de dónde brota, que es lo que hay alrededor de su pie por debajo del suelo. Lo primero que se nos ocurre, ayudado de nuestra "navaja", es ver lo que hay a unos centímetros por debajo de su zona visible y siempre me he encontrado que lo que había debajo eran los restos de la raíz de un cardo. En algunos ejemplares la raíz estaba totalmente colonizada y en otras se podía diferenciar claramente junto al micelio de color blanquecino que la había invadido. Nunca he encontrado setas que estuvieran sin esos restos de raíces o que tuvieran únicamente restos de tierra. En algunas publicaciones que hacen referencia a esto he leído que esta seta <u>crece alrededor de los cardos</u>, pues bien, estas afirmaciones no parecen ser correctas ya que solo lo hacen de las raíces de cardos. Este hongo aunque tuviera como medio de propagación el sustrato del suelo -no confirmado- lo cierto es que no fructifica si no llega hasta alguna raíz y la coloniza. Lo mismo ocurre con sus esporas que no germinan simplemente por depositarse en la superficie, requiere que entren en contacto con la raíz de la planta.

Debemos considerar que la propagación vegetativa del micelio de este hongo se produce de forma exponencial, si encuentra el medio que le sirve de hilo conductor. La germinación de esporas es mucho más lenta y requiere que se den unas condiciones idóneas en cada uno de los estadios por los que pasa.

Fvg.- *(6/10/2013).- Detalle del micelio colonizando una raíz de cardo de la que han brotado un grupo de setas. Se puede observar el micelio blanco entre los restos de la raíz del cardo de un color marrón claro.*

- ¿Saprofita, parásita o micorriza?

Aún hay publicaciones que tratan sobre este hongo donde se nos dice que esta variedad del hongo Pleurotus tiene un comportamiento saprofito, que se alimenta y prospera de materia orgánica MUERTA, en el caso que nos ocupa de los restos en fase de descomposición de la raíz de la planta Eryngium campestre. Este ha sido uno de los aspectos más importantes que queríamos desentrañar, nunca he creído que este hongo utilizara esta vía, siempre he pensado que actuaba como un verdadero PARASITO, que vivía a expensas de otro ser vivo. Son muchas las pruebas que hemos realizado y nos confirman nuestra tesis. Nuestro hongo se nutre de materia orgánica VIVA, es decir, coloniza e invade plantas que están en pleno ciclo vegetativo y, si las condiciones ambientales de humedad y temperatura son favorables, el micelio prospera a expensas de la raíz de la planta llegando incluso a "matarla". Si esto es como decimos, pienso que habrá que modificar y rectificar muchos de los argumentos y criterios que aparecen publicados que constatan que el comportamiento es SAPROFITO. Son muchas las plantas que hemos inoculado con micelio del hongo Pleurotus Eryngii -se verá más en detalle en otro BLOQUE-, todas se realizaron en raíces de cardos "**vivos**" y arrojaron resultados positivos en un 85%. Se utilizó el micelio de ésta seta inoculando raíces que estaban en pleno periodo vegetativo. Las plantas estaban cercanas a la finalización de su ciclo anual, pero estaban **ACTIVAS**. En esas fechas los cardos no se habían desprendido de su parte aérea, estaban vivos y lo hubieran estado quizás algún año más sino hubieran sido colonizadas por el hongo. Las primeras inoculaciones se realizaron a mediados del mes de julio y por estas tierras de Castilla el "cardo corredor" todavía se ve verde por nuestros campos. Recordemos que esta planta es "perenne y vivaz", que brota todos los años (durante algunos) de su raíz tuberosa mostrando su parte visible (aérea) desde comienzo del mes de febrero-marzo hasta octubre-noviembre.

Este hongo fructifica (produce setas) en dos periodos, en el otoño y puede hacerlo en primavera (seta de mayo) si las condiciones climatológicas son propicias. La tesis mantenida hasta la fecha de que este hongo se comporta de forma SAPROFITA, quizás se justifique porque cuando se recolecta ya ha desaparecido la parte aérea, la parte visible de la planta conformada con el tallo y las hojas. Esto ocurre principalmente en las setas que podemos recolectar en primavera en las que no vemos ni rastro de la planta y se piense que la raíz, o restos de raíz, están MUERTA y ha sido colonizada por el hongo. Efectivamente hay algo de cierto, la raíz está muerta y no producirá nuevos brotes, pero está MUERTA porque fue INVADIDA POR EL HONGO y la fue descomponiendo.

*Fvg.- (15/06/2014). En el claro o "calva" se recogieron setas en otoño. Se aprecia claramente que **no** han brotado cardos en esta primavera.*

Se descarta que el tipo de asociación sea "micorriza" ya que para ello el hongo no debiera destruir la planta y en nuestro caso ocurre que el hongo que invade la raíz hace que no vuelva a brotar el cardo, lo **MATA**. No existe esa compensación mutua entre un ser y otro de la que gozan en ese tipo de comportamiento. No hay relación simbiótica.

- **¿Por qué <u>no</u> brotan setas en terrenos colindantes que aparentemente tienen las mismas características?**

No hay un único razonamiento que pueda explicarlo, pudieran ser varias las causas que de forma aislada no sean suficientes, pero que si se dan algunas simultáneamente quizás nos aclaren del porqué esto no se produce. La propagación y germinación por medio de esporas es muy delicada ya que aunque son millones el número de ellas que una sola seta puede producir y por tanto esparcirse, es bastante probable que no lleguen a germinar ya que el proceso requiere que se produzcan una serie de circunstancias favorables difíciles de darse al mismo tiempo. Los siguientes apartados tienen una relación directa con lo que comentamos en este apartado.

- **¿Por esporas o micelio?**

Vamos a ayudarnos utilizando un símil que nos puede servir para discernir esta cuestión. La seta es el <u>fruto</u> de los hongos superiores (basidiomicetos) y las <u>semillas</u> son las esporas. Las esporas son esparcidas y diseminadas a otros lugares principalmente por la acción del viento y al depositarse en el suelo - en nuestro caso en el "cepellón" visible de un cardo, no en cualquier lugar -, germinan si se dan las condiciones adecuadas produciendo una especie de microscópicos filamentos (hifas), tras un proceso más o menos complejo de encuentros entre hifas de signo (+) con otras de signo (-), forman lo que se denomina el micelio primario. Este micelio se agrupa en masas, más o menos densas, para formar el micelio secundario. Este puede estar en este estado durante mucho tiempo y de él emergerán "setas" si las condiciones le son favorables. Ya tenemos el hongo que puede dar fruto o no (setas). Las setas surgen de los extremos de las hifas, primero son pequeños abultamientos (primordios) que se van agrandando hasta llegar a la madurez (son las setas que recolectamos). La duración de este proceso en superficie puede ser de pocas horas o algunos días. En la parte inferior del sombrero (himenio) se han formado nuevas esporas que se liberarán comenzando un nuevo ciclo.

Bien, esto es lo que ocurre visto de forma muy simple. En síntesis hemos querido describir como los hongos se propagan por la vía de la reproducción sexual, las células masculinas y femeninas que el hongo produce se unen formando otras llamadas esporas.

Podemos utilizar otro "símil" para explicar cómo realizan la expansión por otra vía, es la reproducción ASEXUAL. Es muy común en muchas especies del reino vegetal, incluso en algunas es la única en la que podemos propagar la especie con garantías. Utilizaremos los términos **esqueje y semilla**. Las plantas que se cultivan, y también las que no, producen semillas. Las semillas pueden dar lugar a nuevas plantas siendo el medio que utiliza la naturaleza para la producción de nuevos ejemplares de la especie; sin embargo, algunas plantas encuentran dificultades para que sus semillas germinen adecuadamente. El hombre ha encontrado otra forma de ayudar forzando a la naturaleza para multiplicar aquellas plantas que sean de su interés, se hace mediante **"esquejes"**, partes de la planta que con los procesos adecuados pueden producir nuevos ejemplares.

Llevando esto al reino "fungi" vemos que también estos seres se propagan por este medio, es la que se denomina reproducción ASEXUAL, se puede dar por simple fragmentación del micelio, solo con que una parte de la seta se quede en contacto con el substrato puede ser suficiente.

Vemos que la propagación de nuestro hongo también se produce por la división o simple fragmentación del micelio vegetativo, es muy simple y no proporciona la misma variabilidad genética de la reproducción SEXUAL, los hongos se reproducen muy rápidamente. Al igual que hemos hecho al describir el proceso de la reproducción sexual, no entramos a describir los procesos biológicos que se producen con los tecnicismos y rigidez científica que requiere, hay muchas publicaciones sobre el tema que los describen y podemos acceder fácilmente a ellas.

A lo largo de los trabajos que estamos realizando hemos podido comprobar que la "seta de cardo" se propaga y coloniza nuevas plantas mediante desarrollo micelial. Son muchas las pruebas realizadas directamente en el campo y nos confirman lo que ya pensábamos, la colonización a nuevos asentamientos por esporas es nula o al menos el porcentaje de las que lo consiguen es mínimo.

Es muy habitual que al localizar un ejemplar encontremos más no muy distantes. Los buenos "buscadores" de setas nos dirán...**"cuando encontréis una, no la cortéis en ese momento, mirad alrededor que seguro habrá más.."** Es cierto, el micelio va colonizando las raíces que están cercanas unas de otras y lo hace sin discriminar por el tamaño o grosor de esas raíces, basta con que se den las condiciones adecuadas de humedad y temperatura, si bien también influye el ciclo vegetativo en el que se encuentre la planta. No ocurre lo mismo en primavera (marzo-abril), periodo en el que el cardo empieza a "despertar" -comienza su ciclo anual- que en otoño (octubre-noviembre) cuando el ciclo de la planta termina.

En primavera la raíz está activa y en el otoño la raíz está prácticamente "parada" acumulando reservas. Nos da una idea del por qué en primavera, aunque las condiciones ambientales sean buenas, no brotan muchas setas (setas de mayo) y que lo hagan de forma muy aislada. En esas fechas la raíz del cardo está muy activa y quizás el hongo no encuentre la misma facilidad para invadirla, <u>se origina una verdadera "pelea" entre la planta y el hongo por ver quien prevalece, los dos seres son "fuertes en esa estación"</u>. No hay nada documentado al respecto, pudiera ser que en ese periodo la raíz **se esté defendiendo del ataque del hongo**.

La planta está activa, comienza un nuevo ciclo biológico con lo que podría establecer como una especie de defensa que hace que no sea colonizada. Esto no ocurre en otoño ya que la raíz está inactiva no ofreciendo resistencia a la invasión del micelio, los cardos entran en "parada", su raíz está viva pero ha cesado la actividad.

A esto hay que añadir que durante la primavera las condiciones climatológicas favorables son menos duraderas que en pleno otoño donde el hongo tiene más días de horas de luz y la temperatura y humedad le son más favorables.

Hemos comentado que la reproducción mediante la germinación de esporas ofrece alguna dificultad. Factores que pueden explicar esto pudieran ser la desecación de las esporas en su trayecto hasta que son depositadas en el suelo, además para que germine y termine el proceso requiere de bastantes días en los que se deben de dar las condiciones climáticas adecuadas y esto no es habitual. El micelio no necesita de tantos días para que se active y está menos expuesto, tiene la ventaja de gozar de protección al tener una capa de tierra por encima que le protege de los cambios bruscos de temperatura y humedad.

Unas altas temperaturas impide el proceso, lo mismo puede ocurrir si las temperaturas son demasiado bajas o las esporas no "aterrizan" donde deben. Pero esto no basta, tienen que encontrarse dos esporas ya germinadas de distinto signo (+ y -) para formar una sola hifa. **NO PARECE NADA FACIL**

Fvg.- (08/07/2014). Primordios que han brotado de los restos de una raíz al realizar el ahuecado de otras raíces colonizadas por el hongo. Ha sido suficiente aportar algo de agua y cubrir el hueco para proteger las raíces del "sol", para que empiecen a surgir pequeñas setas (tamaño de los carpóforos entre 1 y 2 mm). La forma más "rechoncha" del píe se debe a que han brotado en total oscuridad.

Nos confirma que este hongo (el micelio) es MUY AGRESIVO, y que es suficiente con que encuentre las condiciones ambientales favorables mínimas para que se propague a otras raíces que no estén muy lejanas.

No necesariamente el micelio fructificará produciendo setas, para ello necesita su tiempo y puede que en todo este periodo estas condiciones varíen considerablemente; sin embargo, el micelio no muere y quedará en un estado de "letargo" hasta que vuelva a reactivarse. Ocurrirá probablemente en el otoño cuando las condiciones ambientales le sean favorables y duraderas como ya hemos comentado.

Fvg.- (10/07/2014). A los dos días. No prosperaron más, han brotado de raíces secundarias muy finas y pronto se agotaron las reservas.

Fvg.- (12/09/2014). Ejemplares de entre 3 y 6 cm. en el mismo hueco. Al lado a la dcha. se pueden ver pequeños carpóforos que no llegarán a prosperar en tamaño. Nos hemos permitido de nombrar a estas estructuras como "setas amorfas". .Se monitoriza la temperatura interior del suelo y se contrasta con la temperatura en superficie.

- **A vuelta con las esporas y el micelio. "LA PRUEBA DEL 9".**

Son muchas temporadas las que he ido en su busca de esta seta recorriendo perdidos, caminos y laderas cuando comenzaba la temporada. A menudo me he hecho la siguiente pregunta, **¿cómo se propaga esta seta?**. Siempre he oído que por esporas, que esta era como la semilla y se desprendía de la zona inferior del sombrero, que el aire las llevaba a otro lugar y que al siguiente año podía brotar una seta en el lugar que se había depositado. Pensaba que esto no podía ser así pero no le daba más importancia, sabía que si al año siguiente iba a los mismos lugares en los que había recolectado algún ejemplar encontraría nuevas setas.

Al iniciar el proyecto surgió la oportunidad de realizar algunas pruebas, me propuse hacer algo específico con la finalidad de aclarar esta cuestión.

La tesis sobre la que partía era que no creía que esta seta se propagara por el solo hecho de esparcir sus esporas, que habían sido muchas las veces que había ido a su encuentro con cesta en ristre y muchas las veces que he paseado a propósito asido de ella por lugares en los que había cardos. La idea era que las esporas que se esparcieran llegaran a germinar. Nunca, y digo bien, nunca he llegado a ver que en esos lugares brotara alguna.

Así que ahora surgía la oportunidad de poder probar que lo que pensaba no era equivocado, que se propaga por debajo del suelo y lo hace con desarrollo "miceliar". La que he denominado "LA PRUEBA DEL 9" consiste en algo muy sencillo con lo que demostrar que la propagación por esporas de este hongo - de esta variedad - es inviable en su hábitat natural, que las probabilidades de que de una espora germine y llegue a fructificar justo en el punto donde se encuentre un cardo es prácticamente nula.

Lo que se hizo:

- Localizar una zona densa de cardos en los que nunca había brotado una seta.
- Inocular con micelio algunos ejemplares distantes unos de otros para no falsear el resultado.
- Esperar a que el micelio hiciera su trabajo al invadir la raíz. Tiempo de espera entre 45 y 60 días.
- Primer objetivo, POSITIVO. Brotaron algunas setas. Lo hicieron justo de la raíz de los cardos que fueron inoculados.
- Para comprobar que los ejemplares que brotaran a poca distancia del inicial lo hacían de la propagación del micelio, no las dejamos madurar lo suficiente. Se recolectaron muy jóvenes (pequeños primordios), antes de que empezaran a liberar las esporas.
- A los pocos días se podían ver otras setas a poca distancia de las zonas inoculadas, pero esto no era suficiente ya que podría haber ocurrido que de algún ejemplar se hubiera producido la esporulación y esas setas hubieran brotado de la germinación de esporas. No era probable ya que habían transcurrido pocos días y no hubiera sido tiempo suficiente para completar todo el proceso. Ante la duda el siguiente paso era hacer algo para despejarla por completo.

En tres cardos de porte vigoroso se hizo lo siguiente:

- Se descubrió la raíz hasta una profundidad de aproximadamente 50 cm.
- Las raíces, desprovistas de tierra, se entubaron con tubo de pvc de 10 cm. de diámetro y se procedió de nuevo a depositar la tierra extraída para cubrir la raíz y el hueco entre ella y el tubo. Previamente y a unos 8 cm. de la superficie se habían inoculado las raíces.
- Se perseguía constatar que si brotaba alguna seta lo hicieran solo de las raíces que habíamos inoculado ya que con el tubo impedíamos que lo hicieran otras en las cercanías, teníamos que asegurarnos que si brotaban, no había sido por el micelio que habíamos incorporado. El tubo impediría que el micelio llegara a otros cardos.

- Con algunos aportes de agua, pasado mes y medio pudimos ver que en 2 de las tres muestras realizadas brotaron setas.
- Fue transcurriendo el otoño, el periodo en el que brota, y en esas dos zonas NO HUBO NUEVOS EJEMPLARES.
- Como sabemos la germinación mediante esporas requiere un tiempo más prolongado, así que tuvimos que esperar al año siguiente para ver si surgían nuevos BROTES. No hubo ninguno durante la primavera y el otoño con lo que se confirmaba lo que pensábamos. No brotó ninguna más en los puntos donde habíamos colocado los tubos, se había impedido que el micelio se desplazara a otros lugares y no se vio ninguna por los alrededores con lo que las esporas que hubieran desprendido las setas el año anterior no habían germinado.

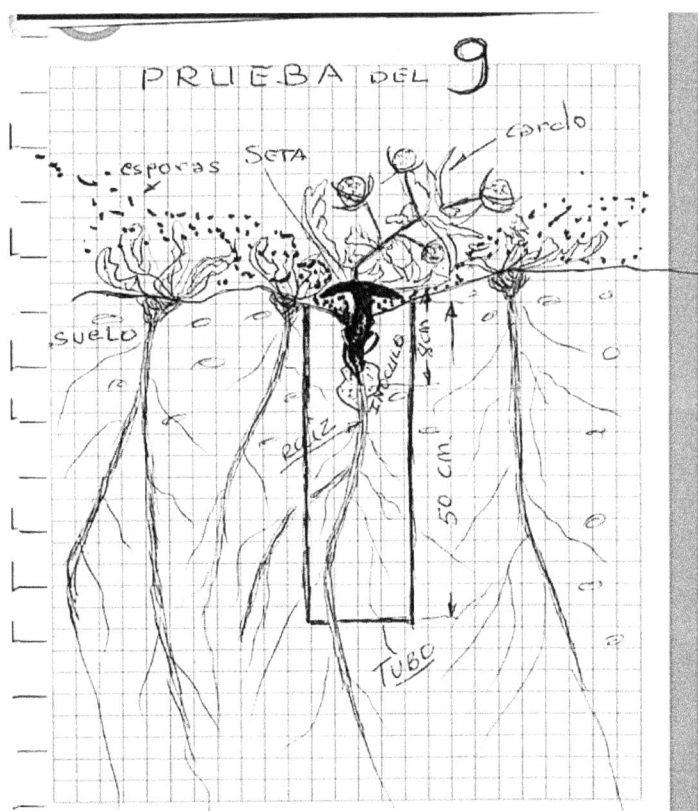

Fvg.- Punto de muestreo. Se pretende detectar si las esporas llegan a germinar y colonizar los cardos cercanos.

El proceso descrito realizado en tres cardos situados en zonas distantes entre sí, nos confirma que la propagación de ejemplares de Pleurotus Eryngii, spp se produce por la colonización de su micelio en raíces de Eryngium campestre (cardo corredor).

Al mismo tiempo se reafirma la tesis de que no lo hace mediante sus esporas, o que si lo hace es en un porcentaje mínimo y siempre que se den las condiciones idóneas, que no son pocas, en un lapsus de tiempo prolongado,.

- **¿Cómo se propaga el micelio?**

El viento es la principal vía de dispersión de las esporas pero habrá que añadir que quizás hay otros vectores que pudieran participar en la diseminación de las esporas o del micelio. Pudieran ser: insectos que transporten las microscópicas esporas adheridas a sus "patas" a otros lugares, pequeños roedores que al igual que algunos insectos lleven en su "hocico" o patas, adosadas buen número de ellas y porque no, otros organismos que viven bajo la superficie, que al igual que los que hemos descrito, por debajo de la superficie, se encuentren con el micelio y lo transporten a otros lugares. Para nuestro hongo deben de ser a las raíces del cardo.

Aunque sean muchas (miles, millones…) las esporas que de un solo carpóforo se desprendan y propaguen, se cree que no es mucho el tiempo en el que puedan ser viables estando expuestas a condiciones ambientales adversas. Algunas esporas pueden germinar dando lugar a una "hifa" de un signo. Como ya hemos comentado debe de encontrarse con otra de signo contrario para producir el denominado **micelio "primario",** que formará una masa más o menos compacta denominada micelio "secundario" del, que una vez invadida la raíz de la planta, brotan los pequeños botones llamados "primordios". Este proceso más o menos complejo debe de producirse en el menor tiempo posible y parece ser que no exento de pocas dificultades.

Para nuestra seta el proceso difiere bastante del descrito ya que pensamos que se propaga directamente a través del micelio, por debajo del sustrato recorriendo distancias cortas hasta que encuentra la raíz de un nuevo cardo en el que se asienta. Esto se repite una y otra vez siempre que el micelio encuentre en su camino nuevas raíces.

Fvg.- *(20/10/2013). Micelio por debajo del píe de un grupo de setas. El micelio en la parte inferior ha invadido la raíz de cardo y casi no se distinguen fibras. Mezcla de restos de raíz y tierra entre el micelio.*

- **Mejor en las distancias cortas.** *"De oca a oca y tiro porque me toca…".*

Es muy común ver setas muy juntas unas de otra formando círculos o semicírculos (corros de brujas), otras veces formando pequeños frentes en líneas, más o menos serpenteantes de algunos metros de longitud. Cuando tenemos la suerte de encontrar estas formaciones decimos que hemos encontrado un *"setal"* o *"rodal"*.

Nuestra seta no es la excepción, en su avance puede adoptar cualquiera de estas modalidades. Es frecuente observar que al encontrar algún ejemplar no esté solo, habrá algunos más en las cercanías. El micelio se expande por el terreno en pequeños frentes invadiendo las raíces de los cardos que encuentre a su paso. Lo hace pasando de una planta a otra a través de las pequeñas raíces adventicias repartidas a todo lo largo de su raíz principal. Estas raíces que sirven de hilo conductor tienen que encontrarse con otras de otro cardo y no deben de estar a mucha distancia unas de otras. El proceso se repite una y otra vez si las condiciones ambientales son propicias. Si no hay cardos o están a distancias en las que no hay contacto de sus pequeñas raicillas, el micelio muere. Explicaría el agotamiento de muchos setales, no ha habido posibilidad de contacto con otra raíz. Todos hemos visto en alguna ocasión terrenos en los que se ha recolectado alguna seta y ya no encontramos ninguna en mucho tiempo aunque siga habiendo algún cardo, seguro que están distantes.

No se ha estudiado, ni documentado, pero pudiera ser que en la expansión del micelio existieran otras plantas colaboradoras que ayuden a que el frente de "hifas" llegue a las raíces de otros cardos. Estas plantas colaboradoras, a través también de sus raíces, pudieran ser invadidas por el micelio; sin embargo, no producirían setas, actúan como hilo conductor.

Sabemos que donde este hongo se encuentre hay algunas plantas que nos lo indican, antes incluso de llegar a ver setas.

Estas plantas *"marcadoras"* nos señalan que el hongo está presente en la zona, donde están vemos que no brotan setas formando algunas "calvas" en las que tampoco hay cardos. Es fácil observar este fenómeno porque, al igual que ocurre con los cardos, veremos círculos en los que no está esta planta, la vemos con gran densidad a poca distancia, el hongo ha invadido su sistema radicular matándolas, las ha utilizado como puente para que el hongo llegue a raíces de cardos que no estén muy lejanos.

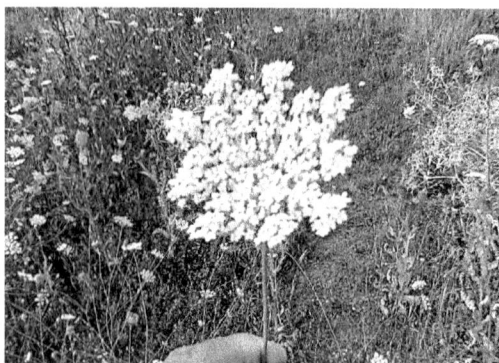

Fvg.- Planta indicadora de la presencia de micelio del hongo Pleurotus Eryngii en el suelo [zanahoria silvestre] **Daucus carota, es una umbelífera al igual que el "cardo corredor".**

Fvg.- Planta muy común por estas tierras de Castilla y León. Convive en terrenos en los que se asienta el "cardo corredor". El hongo al igual que ocurre con el cardo invade las raíces de esta planta matándola. A diferencia de lo que ocurre con el cardo esta colonización no fructifica produciendo setas.

A finales de la primavera, y durante todo el verano en plena floración, esta planta nos ayudará a localizar los lugares en los que brotarán setas si observamos zonas formando círculos en los que esta planta no ha brotado. Si se alternan estas "calvas" con otros espacios colindantes en los que la vemos densa y floreciente, estaremos casi seguros de que en la superficie sin plantas han brotado setas en la campaña anterior.

En las "calvas" no brotarán setas en el otoño siguiente, pero nos están indicando que SI que habrá setas en las porciones de terreno colindantes a ellas. En esas zonas está presente el micelio del hongo y llegado su día producirán setales.

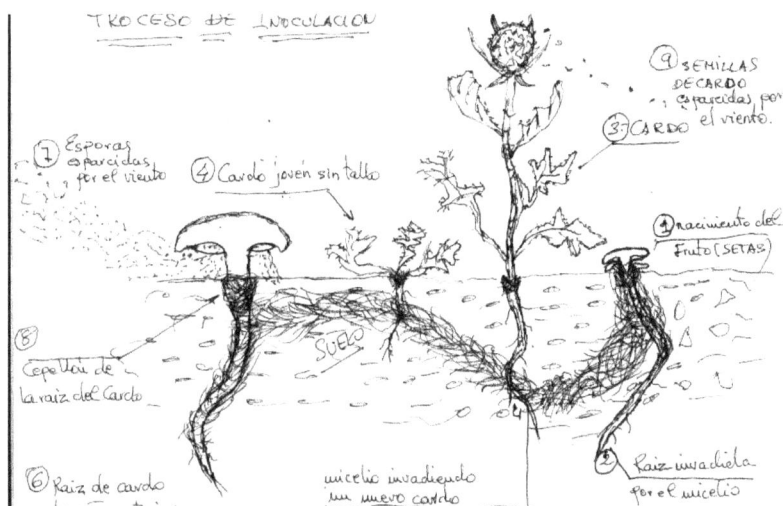

Fvg.- Propagación del micelio.

• **¿Cortar o arrancar al recolectar?**

Esta controversia, aunque muy recurrente y que todos nos hemos formulado alguna vez, no parece que tenga una respuesta definitiva en ninguno de los dos sentidos, o al menos la práctica que hacemos al recolectar no es la misma para todos los hongos. Ante la falta de un criterio expreso opino que podemos optar por recolectar utilizando la navaja o cuchillo, cortando sobre la base del pie sin extraer con la seta el micelio que está por debajo del terreno. No he encontrado ninguna explicación al hecho de que por ejemplo los "boletus" se recolecten extrayendo junto con el pie parte del sustrato (y micelio) sobre el que se asienta y en otros hongos (en especial el de nuestra seta) se afirme que si lo hacemos así esquilmamos el ·setal". Pienso que el daño que se puede originar al arrancar las setas con parte de micelio (y restos de raíz) es la exposición directa de ese micelio a condiciones adversas siendo la más inmediata la desecación al estar en contacto directo con el aire. Cuando se extraen setas nos aconseja rellenar el hueco con la tierra que hemos apartado. Bien, si lo hacemos así al menos no causaremos ningún mal.

Sinceramente opino que ES INDIFERENTE, pienso que lo verdaderamente importante es que el micelio no esté expuesto, que esté bajo tierra, el menos en lo que concierne a nuestro hongo. El hecho de cortar o arrancar no influye. El micelio está por debajo del terreno, incluso a una profundidad considerable y ya se encargará de regenerarse y expandirse a otras raicillas de cardos.

- **¿Es bueno airear el suelo en los que han brotado otros años?**

Al igual que ocurre con otros aspectos relacionados con nuestro hongo no hay nada documentado al respecto. Se ha podido constatar que en aquellos terrenos que han producido setas y se han arado, ya no brotan o lo hacen algunos ejemplares muy aislados. El laboreo del suelo en profundidad (más de 30 cm) origina que se estén eliminando todas las plantas que han nacido, entre ellas se encuentran los cardos, sus raíces quedan al descubierto o son desquebrajadas al realizar. Esas tierras se han acondicionado para la siembra con algún cultivo extensivo y se enriquecerá con la aportación de componentes orgánicos y abonados necesarios para la producción de esos cultivos.

Si esto es así, los cardos que no se han destruido al aplicar esas labores puede que vuelvan a desarrollar actividad incluso adquiriendo un mayor porte y un mayor grosor de sus raíces, si antes no han sido destruidos por otros productos como herbicidas selectivos, etc. Si las raíces de esos cardos que han sobrevivido a esas prácticas son invadidas posteriormente, o ya lo están, por micelio del hongo, las setas que broten serán de un mayor tamaño si completan el ciclo.

No es muy habitual pero todos hemos oído alguna vez que en algún sembrado, o lindero a él, se han recolectado setas "enormes". Esta práctica también tiene un efecto indirecto beneficioso que es ayudar a que los cardos que sobrevivan sean más robustos. No serán muchos los que lo consigan, máxime cuando además van a tener que soportar el aporte de herbicidas y otros productos nocivos para ellos.

Ahora bien, en las tierras que se han dejado de barbecho durante algunos años y en las que ya ha habido cardos, si las labores en el terreno no se hacen a mucha profundidad (escarificación) puede ser beneficioso ya que se está aireando el suelo y no se llega a eliminar el cardo aunque lo seccionemos. La escasa profundidad de las labores hace que las raíces que rocemos o sufran alguna herida, incluso que seccionemos la parte superior, vuelven a brotar por alguna de sus yemas adventicias.

Con estas labores culturales se favorece la propagación de la planta por otra vía ya que la parte aérea, en la que se encuentran las semillas, es desplazada a otros lugares contribuyendo a la propagación de nuevos cardos.

La conclusión a la que llegamos es que si en estas parcelas se realizan labores no muy agresivas la planta se regenera y que al airear y mullir el terreno los cardos que ya estaban serán más robustos con lo que el micelio dispondrá de un mayor aporte para nutrirse. Es predecible que el tamaño de las setas que pudieran brotar sea MAYOR.

El problema se puede suscitar si al realizar estas labores se ha destruido el micelio que ya estuviera implantado. No creo en esta hipótesis ya que si bien esto pudiera ser una operación agresiva, no es menos cierto, que esta misma labor contribuye a diseminar el micelio por otras zonas de la parcela a las que no haya llegado.

El micelio de los hongos forma una masa más o menos compacta y entrelazada formada por innumerables hilillos (hifas) y al dividirla mediante esta práctica no hacemos que muera, más bien, ayudamos a que parte de ese micelio llegue a otras zonas desprovistas y en las que si se dieran las condiciones adecuadas seguiría avanzando y progresando. En definitiva estamos favoreciendo la reproducción del hongo por vía asexual.

Fvg.- (05/06/2014). Izq. raíz desenterrada parcialmente al realizar labores en el terreno; brota de una de las yemas que están por debajo. Derch. planta alargándose en busca de luz.

Fvg.- (08/07/2014). Raíz en la que se desgajó unos 15 cm de la parte superior debido al corte producido por una "pala excavadora" al realiza movimiento de tierra en la parcela. Aun careciendo del llamado "cepellón" el cardo ha brotado por la parte central y lateral de la raíz.

Fvg.- (05/05/2014). Cardos de una raíz seccionada en un talud. Nos demuestra que aun seccionada con la utilización de aperos agrícolas, el cardo vuelve a brotar.

- **¿Alcanza su tamaño máximo en el mismo día que brotan los primordios?**

NO. Hablando de este tema con numerosas personas aficionadas a recolectar esta seta me he encontrado con opiniones casi idénticas en uno y otro sentido, unos afirman que la seta crecía en la noche y que alcanzaba su tamaño máximo durante ese período de oscuridad y otros que pueden pasar varios días. Esta opinión no es unánime pero si la mayoritaria. Personalmente he querido comprobar cuál de las dos tesis era la que realmente prevalecía, y el resultado de muchas observaciones ha sido que la seta sigue desarrollándose en días posteriores hasta alcanzar su tamaño máximo. El tamaño dependerá del grosor y profundidad de la raíz sobre la que se sustenta. Si la raíz colonizada por el hongo es débil y de poco grosor, la seta/s no serán demasiado grandes y dará igual que transcurran días en el terreno porque han agotado las reservas que le sirve como alimento.

El seguimiento se ha realizado marcando distintos puntos en los que había brotes y se dejaban en el terreno unos días sin recolectarlos. En los sucesivos días (cuatro o cinco) realizaba el mismo proceso de observación y medición y en algunas muestras se ha llegado a producir un aumento de tamaño de hasta cinco veces. En otros puntos de muestreo ese aumento de tamaño ha sido mucho menor comprobando a su vez que la raíz sobre la que brotaba correspondía a cardos de un menor tamaño.

Un comentario que he escuchado a más de una persona ha sido que si encontramos grupos de setas en un racimo se empiece cortando aquellas que realmente queremos recolectar por su tamaño y que podemos dejar los "botones" y ejemplares más pequeños algún tiempo más siempre que no los TOQUEMOS O ROCEMOS CON LA NAVAJA O CON LAS MANOS, que si lo hacemos ya no se harán más GRANDES. No parece una tesis con argumento lógico o científico, ahí lo dejo sin pronunciarme.

- **¿Solo en terrenos calizos?**

Siendo cierto que la podemos encontrar en terrenos algo alcalinos (básicos), es una seta que también la podemos encontrar en suelos algo ácidos. Los extremos no le son favorables. Los muestreos realizados en distintos terrenos donde he recolectado ejemplares oscilan entre valores del PH de 6,7 y 7,4. Esta pequeña horquilla nos indica que siempre que no sean suelos en el que el PH se aparte en demasía de la neutralidad (PH=7) ésta seta se adapta bien. Otra cuestión muy distinta es que los suelos alcalinos sean más adecuados y las producciones sean mayores. La podemos ver en terrenos con distintas estructuras y composición, tanto en suelos arcillosos como arenosos, pasando por todos aquellos de composición más equilibrada y francos.

Al igual que ocurre con los valores del PH no son convenientes los extremos, terrenos francos y bien drenados son suficiente. Lo verdaderamente importante es que en esos terrenos crezca la planta, el Eryngium Campestre, sin ella daría igual las características organolépticas que tenga el suelo. La capacidad de retención hídrica de esos suelos, sí que pudiera tener mucho que ver a la hora de determinar la precocidad en brotar las setas. Terrenos que tengan ese alto índice son más propicios para que en ellos veamos ejemplares más tempranos. En la parcela en la que centramos el estudio hemos comprobado que en las zonas en las que la capa más impermeable está a poca profundidad las recolecciones se adelantan hasta 20 días con respecto a las parcelas colindantes productoras de setas en las que la textura del suelo es más arenosa.

- **¿Distintas coloraciones?**

La identificación de esta seta es sencilla. Cuando hemos salido unos días a recolectarla ya no tenemos la menor duda. Además de sus características externas ya definidas hay una que nos ayudará sin riesgo a equivocarnos y es comprobar que donde la recolectamos hay cardos, y si persiste la duda, porque en esas fechas el viento ya ha hecho desaparecer su parte aérea, lo que podemos hacer es apartar un poco de tierra alrededor del pie de la seta y comprobar que conserva parte de la raíz de la planta.

No conviene que lo realicemos de forma habitual, pensemos que quizás estemos esquilmando el SETAL, si lo hacemos volveremos a depositar la tierra en el mismo sitio. Esta será la prueba definitiva ya que aunque pudiera haber otras variedades de setas en el mismo terreno esto nos confirmará con certeza que estamos ante la Pleurotus Eryngii. Cualquier seta que veamos en terrenos en los que nunca ha habido cardos, o no veamos restos de la raíz al recolectarlos, nos indicará con total seguridad que esos ejemplares no son de la seta que buscamos.

El color y la forma externa varían dependiendo de factores climatológicos y del tipo de suelo. La coloración del sombrero suele ser de un marrón oscuro, pero también puede tomar tonalidades más claras, incluso poder llegar a ver ejemplares casi completamente blancos (color sepia). Los primeros ejemplares que se pueden recolectar en septiembre y primeros de octubre, si ha habido precipitaciones suficientes en el verano, tienen una coloración más clara que los que recojamos en noviembre donde los días de sol son escasos y más cortos. En primavera (mayo) también se pueden ver con una coloración más clara.

En general los tonos que toma la cutícula depende de las horas de sol -horas de iluminación- y del grado de humedad. A mayor número de horas de luz el tono será más claro llegando incluso a ser casi completamente blanco. Con los días nublados y las nieblas del otoño el color se torna más oscuro pasando por distintas tonalidades de marrón.

Si las setas llevan ya mucho tiempo en el terreno desde que brotaron toman un color amarillento, por éstas tierras decimos "están pasadas". Este no es un parámetro por el que nos tengamos que regir a la hora de identificar a nuestra seta, como ya hemos visto existen otras características morfológicas que son invariables aunque las condiciones climatológicas si que lo hagan.

Fvg.- Distintos tonos dependiendo de las fechas en las que brotan y factores climatológicos. A la izquierda un ejemplar recolectado en septiembre. A la derecha carpóforos con distintas tonalidades recolectados durante el otoño.

- **¿Sale siempre en octubre?**

Un "dicho" muy común entre los que "gustan" de recolectarla por estas tierras, es que en este mes **"le toca salir"** , que simplemente con la humedad propia de la estación, en las noches frescas y con el rocío es suficiente para que empiecen a verse, que están **"deseando salir"**. La realidad es que no es suficiente, es necesario que se produzcan un conjunto de circunstancias favorables para que el micelio de este hongo se ponga en movimiento, salga de su "letargo" y comience un nuevo ciclo. Necesita que la temperatura, las horas de luz, la humedad ambiente y en el subsuelo, etc. estén dentro de unos valores que hagan que se movilice. El micelio necesita que estas, y quizás otras, variables sean las propicias para que pueda salir del letargo en el que durante los últimos días de la primavera y durante parte del verano ha permanecido.

En verano, con las temperaturas propias de la estación, el micelio está inactivo, no está muerto, para su activación requiere principalmente "humedad" en el suelo y una vez activado que las temperaturas no sean demasiado elevadas y, quizás la más importante, que la planta que va a invadir no le ofrezca demasiada resistencia. Para que nuestra seta empiece a brotar a finales de septiembre, o primeros de octubre, es necesario que en verano se haya producido alguna precipitación, si se dan en esta estación las empezaremos a ver brotar.

El micelio "despierta", comienza de nuevo su ciclo pero para que llegue a dar el fruto (la seta) debe de transcurrir un tiempo. Se puede estimar entre 45 y 60 los días que deben pasar desde que se hayan producido esas primeras precipitaciones para que el micelio reactivado pueda producir setas. Si esto ocurre, si hemos tenido esas precipitaciones durante los meses de julio y agosto podremos recolectar los primeros ejemplares a últimos de septiembre y primeros de octubre. Por el contrario, si durante el verano no hemos tenido esas lluvias, no será suficiente que en el mes de octubre llueva durante dos o tres días seguidos, las setas no saldrán como habitualmente se suele pensar.

En algún artículo he leído que sería suficiente que en los meses de verano las precipitaciones acumuladas sean superiores a 50 ml. para que el micelio se active y que el cardo esté en el momento idóneo para ser colonizado por el micelio del hongo. No tienen porqué producirse en un intervalo de tiempo corto, pero deben de ser lo suficiente para que el agua penetre y humedezca una buena porción de capa de suelo. Ese aporte hídrico nos llegará con alguna de las tormentas propias de la estación. Cuando faltan o han sido escasas, el año ha sido MALO para esta seta ya que saldrán más tarde, en ocasiones a mediados de noviembre si ha llovido en otoño y esto condiciona que van a estar brotando durante mucho menos tiempo porque enseguida llegarán las bajas temperaturas con algunas heladas que harán que el micelio se paralice. Para una nueva activación pasarán días y siempre que las condiciones climatológicas sean las habituales de la estación, cosa que muchos años no ocurre ya que en este mes tendremos algunas heladas antes de que broten.

- **Seta de cardo y seta de "gatuña" ¿es la misma?**

En algunos lugares a nuestra seta se la denomina con el nombre común de seta de "gatuña", en Burgos suele ser el nombre por el que se la conoce. Como ya sabemos la seta de cardo brota de la raíz del eryngium campestre. Nadie me ha sabido explicar el por qué toma en algunos lugares este nombre. "Gatuña" es el nombre común por el que en algunas zonas se conoce a una planta espinosa cuyo nombre es "ononis spinosa". Ambas plantas pueden compartir el hábitat pero existen diferencias notables en su morfología.

No puedo avalar que de la planta ononis spinosa, de sus raíces, pueda brotar una seta. Lo cierto, es que no he visto que de ella o sus restos brotara algún ejemplar. Sí que he recolectado alguno cercano, pero siempre he podido comprobar que lo que había debajo eran restos de la raíz de un cardo.

Algunos aficionados, los más veteranos, me han comentado en repetidas ocasiones que la que ellos denominan "seta de gatuña" tiene un sabor incluso mejor que la seta de cardo, que es más pequeña y más tierna al cocinarla. Crece con el pie centrado con respecto al sombrero y es generalmente más oscura.

He visitado lugares en los que esta planta estuviera presente y aunque es una planta que en la actualidad no es fácil de encontrar, no he logrado ver setas que brotarán de su raíz.

(Ononis spinosa). Familia: Herbácea

Fvg.- (10/06/2014). Ononis spinosa en plena floración. Se observan los "pinchos" largos y robustos en la intersección de las hojas.

Algo sobre la "gatuña".....

Es un arbusto no muy grande (apenas alcanza el medio metro de altura, puede llegar a los 80 cm.); como su nombre indica esta planta es muy espinosa, las flores son de color rosado, crece en terreno pedregosos no arados, al lado de arroyos y caminos, es una planta perenne y comienza su ciclo a finales de abril y mayo, se caracteriza por poseer una raíces que se extienden con gran facilidad por el subsuelo llegando a adquirir unas dimensiones considerables; esto ha propiciado en algunos lugares se le denomine con el nombre de "detienebuey", "quiebra arados" para definir a esta planta , lo que nos da una idea de lo profundas y extendidas que tiene las raíces, por lo que es muy difícil arrancarlas.

También se caracteriza por tener en el tallo unas espinas afiladas que habitualmente aprovechaban los animales de tiro para rascarse, lo que explica su otro nombre popular de "peine de asno".

A fecha de hoy no soy capaz de inclinarme por una u otra tesis de forma definitiva; es decir, sobre si estamos hablando de la misma seta o, por el contrario, es otra que se asocia a la "gatuña".

Si tuviera que inclinarme por una u otra, lo haría por los que piensan que es la MISMA seta, es la "seta de cardo" con alguna singularidad que quizás explique que es otra variedad a la que se ha denominado "seta de gatuña".

Brota tardía, casi al final de temporada cuando las temperaturas ya empiezan a ser demasiado bajas con algún que otro día por debajo de cero grados. Lo hace de raíces de cardos más pequeños (de ahí su menor tamaño en general) que fueron colonizados más tarde pero que con estas temperaturas bajas, son capaces de fructificar. El color es más oscuro porque lo hacen cuando los días con sol son pocos y las horas de luz han disminuido (diciembre).

Son más escasas y se las ve de forma individualizada, no se concentran en círculo o en grupos numerosos, digamos que son setas de cardo que han brotado de restos de líneas de micelio que se resisten a su *"latencia"* invernal.

El "sombrero" suele ser de un menor diámetro, de forma deprimida y algo apezonado (debido a las bajas temperaturas) en el centro o nivel del pie.

- **¿Por qué se dice que *"sale"* siempre en el mismo sitio?**

Una creencia muy extendida que conviene aclarar. Se suele pensar que sí. Los que campaña tras campaña salen a recolectar esta seta son capaces de recorrer grandes distancias abarcando grandes superficies de terreno en muy poco tiempo. Los iniciados o inexpertos suelen dar vueltas y más vueltas a una parcela intentado encontrar algún buen "setal", pero con el añadido de que el terreno inspeccionado no es mucho.

Los más asiduos, digamos más expertos, lo que hacen es ir directamente a los puntos en los que otros años han recolectado algunos ejemplares, no suelen estar mucho tiempo en la misma parcela, prestos se encaminan a otro punto y así sucesivamente. Esa pueda ser la causa por la que muchos de ellos afirman que las setas "salen" en el mismo sitio, o sus cercanías, y ocurre año tras año". Al decir cercanías queremos decir a pocos metros, incluso a pocos centímetros.

La explicación a este hecho es un poco más compleja; en esos lugares en los que hemos recolectado setas el MICELIO se ha ido desarrollando en busca de nuevas raíces de cardos cercanos que al invadirla dará origen a la posibilidad de crecimiento de una seta. El cardo no brota normalmente de forma aislada, crecen algunos ejemplares muy juntos unos de otros, y tras un pequeño claro en el que podemos observar todo tipo de "hierbas" se puede encontrar otro grupo y así sucesivamente. El micelio recorre estas pequeñas distancias colonizando las raíces que se va encontrando.

He leído en alguna publicación que el micelio puede avanzar entre 10 y 50 centímetros cada año, a la par que se va muriendo aquel que no encuentra la planta anfitriona (la raíz de cardo). Creo que esta tesis no es desacertada, pero a la misma hay que añadir que la propagación natural por esporas contribuye también a que las posibilidades de germinación se produzcan en distancias cortas, de ahí que nuestra memoria nos juegue alguna mala pasada ya que lo que nos parece ser el mismo punto no lo es realmente y lo que ha ocurrido simplemente es que esa seta, o grupo de setas, que hemos encontrado lo han hecho a muy poca distancia de las recolectadas el año anterior.

- **¿Brota de la raíz del cardo del año, de la del año anterior o alrededor de donde ha habido cardos?**

Si dedicamos algo de tiempo a leer lo que aparece publicado sobre esta seta o indagamos por lo que se dice de ella en internet, veremos que no existe un criterio unánime al respecto. Lo mismo ocurre entre los aficionados con los que he podido comentar este asunto. Transcurrido ya un tiempo desde que se comenzaron estos trabajos han sido muchas las observaciones realizadas directamente en el campo con la finalidad de aclarar realmente de donde y como brota esta seta.

Descartamos la última de las opciones. El hongo Pleurotus Eryngii no fructifica produciendo la seta de la materia orgánica que encuentre en el suelo, no fructifica si no hay una RAIZ DE CARDO por debajo de la superficie. LA SETA DE CARDO NO BROTA ALREDEDOR DE DONDE HA HABIDO CARDOS. Lo hace exactamente de la RAIZ DE UN CARDO. Siempre encontraremos restos de esas raíces por debajo de la parte inferior del pie de las setas. Si no vemos esos restos, la seta que habremos encontrado no será la Pleurotus Eryngii [seta de cardo].

Otra cuestión muy distinta es si lo hace de la raíz de un cardo del año o de una del año anterior. Aquí diremos que **DEPENDE.**

Intentaremos explicar ese "depende" basándonos en las múltiples observaciones y seguimientos realizados sobre las, ya muchas, inoculaciones realizadas durante estos años desde que comenzamos los trabajos de nuestro estudio.

Nota: Se menciona "inoculación" como vocablo que define el proceso de infección que realizamos para que el hongo invada la raíz de un cardo. Ha este tema dedicamos un Bloque completo.

Son más de 400 las inoculaciones que llevamos realizadas y son ellas, con su evolución y estudio, las que nos sirven para objetivar algunas conclusiones respecto a este controvertido y discutido dilema. Todas se han realizado en **RAICES DEL CARDO DEL AÑO**, en plantas que en esa fecha no se habían desprendido aún de su parte aérea (tallo, hojas y semillas), estaban VIVAS aunque llegando al final de su ciclo anual. El porcentaje de éxito ha sido muy elevado llegando a brotar en más del 90 % de los ejemplares inoculados. Antes de proceder se realizó un conteo de los cardos, tanto de los que se inoculaban como del total que había en cada una de las zonas de muestra. Aclarar que al decir "cardo del año" no estamos afirmando que el cardo tenga solo un año, es una planta perenne y brota año tras año aunque no sepamos durante cuantos, lo veremos en otro apartado.

En septiembre vimos ya algunos buenos ejemplares que brotaron justo del cardo inoculado (se podía apreciar que salía la seta y todavía el cardo conservaba todo, o parte, del follaje). Transcurridos algunos días, las setas seguían brotando a cierta distancia del punto inicial de inoculación, los cardos seguían conservando su parte aérea. Esto nos lleva a una conclusión y es que estaban brotando de CARDOS DEL AÑO, brotaban de plantas VIVAS. Las inoculaciones se realizaron entre mediados del mes de julio y mediados del mes de agosto sobre raíces de cardos VISIBLES.

Es cierto que a medida que avanza la temporada (el otoño) vemos muchas setas en las que pareciera que brotan directamente de la materia orgánica que pudiera haber en la superficie del suelo al no ver resto de cardo. En esas fechas (noviembre-diciembre) los cardos ya no conservan su parte visible debido principalmente a la acción del viento que los ha llevado a otro lugar. Al no conservar la parte aérea podemos pensar que las setas brotan de cardos del año o años anteriores ya MUERTOS, pero no es realmente así, lo hacen de un cardo que ha estado VIVO durante el año.

Otra cuestión muy distinta es lo que puede ocurrir en primavera, durante los meses de abril y mayo. Si en estos meses las precipitaciones y temperaturas son las normales podremos encontrar algunos ejemplares de esta seta, serán menos y de mayor tamaño que los que recolectemos en temporada.

Las que recolectamos en primavera se las denomina por estas tierras con el nombre de SETAS DE MAYO. Estas sí que brotan de cardos del año anterior, lo hacen de raíces de cardos invadidos por el micelio en el otoño anterior y debido a condiciones climatológicas adversas, o porque la colonización de esas raíces fue tardía, no ha dado tiempo a producir setas.

La colonización de esos cardos quizás se ha producido tarde y al llegar el mes de noviembre o diciembre con las temperaturas ya demasiado BAJAS el micelio se ha parado. El micelio sigue ahí pero LATENTE, no ha muerto y se volverá a MOVER cuando vuelvan a producirse las condiciones favorables.

Llegará la primavera y puede brotar SETA, lo que no brotará será un cardo de esa raíz ya que el micelio lo ha impedido, el cardo ha MUERTO. Quizás este sea el motivo que justifique la opinión de que esta seta brota de "cardos del año anterior".

- **¿Por qué la dificultad para colonizar nuevos asentamientos?**

No existe una sola causa que lo explique, pueden ser la acumulación de varias. Hemos comentado que la propagación de este hongo por medio de sus esporas es difícil, no exenta de múltiples dificultades. Para que se produzca la proliferación de hifas sabemos que deben de encontrarse esporas de dos signos (+) y (-) y que las condiciones ambientales sean propicias durante algún tiempo continuado. También habrá que tener en cuenta otros factores que pueden condicionar la propagación. Estos factores pueden ser el tipo de suelo, el tipo de vegetación espontánea (las llamadas malas hierbas), la existencia de otros hongos competidores que ya se encuentren colonizando esa zona, nematodos, larvas de insectos, la humedad, etc...; en fin, un número considerable de factores que condicionen un microsistema propicio en un lugar determinado y que terrenos situados a poca distancia no tengan las mismas condiciones por variación de algunos de los parámetros que hemos mencionado. Confirma lo que ya pensaba sobre la problemática de germinación de las esporas y la tesis de que la propagación se realiza mediante la expansión del micelio por debajo del suelo. Si en esa expansión el micelio no encuentra una nueva raíz de la planta o hay una barrera física que impida la expansión, el micelio NO avanzará.

- **Por el contrario ¿existen lugares privilegiados como hábitat de la seta?**

He creído interesante narrar una experiencia muy provechosa que tuvimos visitando un lugar ***EXTRAORDINARIO*** en el que esta seta ha encontrado su hábitat por excelencia. Puede que existan otros entornos similares, pero dudo mucho que mejores. La visita duró una mañana y durante todo ese tiempo me acompañó mi hermano con el que comparto la afición por este hongo y partícipe activo del proyecto.

Algunos habréis oído hablar de ese lugar, en especial los que residáis en la Comunidad de Castilla y León y más concretamente en la provincia de Valladolid o limítrofes.

Está cerca de la ciudad y son terrenos en lo que se asienta un cuartel del ejército de tierra, son extensos y se utilizan como campo de maniobras y entrenamiento de un destacamento de caballería. Pues bien, el lugar es conocido por ese enclave militar, por las maniobras que realizan que suelen ser bastante ruidosas y espectaculares, las prácticas y el adiestramiento las realizan con "tanques" y "artillería", pero también lo es, porque en esos terrenos la seta se encuentra en un ecosistema idóneo para desarrollarse. Llegado el otoño se recolectan CANTIDADES INGENTES DE SETAS DE CARDO.

Había oído hablar que existía un lugar, a no muchos kilómetros de donde nos encontramos, en el que se recolectaban setas de cardo por "sacos", he dicho bien, "por sacos y por kilos en plural". Cuando escuchaba esto pensaba que, al igual que se suele decir de los cazadores y pescadores exageraban un poco, más bien creía que mucho, sabemos lo difícil que es salir un día "de setas" y recolectar un buen "puñado", esto en los mejores días y siempre que hayamos sido de los primeros en llegar al lugar.

Se lo había oído a varias personas, luego algo de cierto tenía que haber en el comentario, hasta que un día leyendo el periódico de la provincia aparecía una noticia que me llamo mucho la atención, venía publicado un extenso artículo que mencionaba el lugar y lo que allí estaba ocurriendo. Se decían cosas como que los militare habían "requisado" una gran cantidad de setas a gente que habían interceptado recolectando en terrenos del interior de las instalaciones. Se decía que a una sola persona la habían "pillado" con tres cestas repletas de setas, que a otras dos, con dos sacos de plástico también completamente llenos y que contenían unos 30 kg.

Sorprendente ¿verdad?, al menos sí que lo fue para mí. Era noviembre y estábamos en plena campaña, así que los comentarios sucesivos que escuchaba en relación a las grandes que se recolectaban ya no me parecían tan exagerados. Pero había algo más y es que esas cantidades se recogían en poco tiempo y siempre al amanecer, al salir el sol; la razón era obvia, es terreno restringido para uso militar exclusivamente, todo el recinto esta vallado y el personal que pernocta en el cuartel realiza sus prácticas de campo a horas muy tempranas. Las maniobras y prácticas de tiro se hacen con cañones y tanques principalmente, así que la prohibición se justifica aún más si tenemos en cuenta la peligrosidad que acarrea lo que allí se hace y con las herramientas que se trabaja.

El interés por el lugar nos surgió a raíz de comenzar el proyecto que nos ocupa, ya habíamos empezado a realizar algunos trabajos relacionados con la seta de cardo en una parcela nuestra en la que ya estábamos obteniendo algunos buenos resultados. La parcela reúne unas condiciones excelentes y pensábamos que no podía haber otro enclave mejor que el nuestro. Durante algunos años hemos recolectado setas con un adelanto de hasta dos y tres semanas en relación a otras zonas limítrofes en las que también brotan, así que pensamos que debíamos de conocer ese maravilloso lugar y comprobar in situ que lo que habíamos oído era cierto, teníamos que hacer algo para que nos permitieran visitarlo.

No se trataba de ir y recolectar, para ese placer ya disponíamos de nuestra parcela, lo que queríamos es "patear" el lugar, ver el terreno y su entorno, ver qué características tan especiales reunía para que todos los años salieran tantas setas. Pretendíamos tomar datos y notas, sobre el relieve y su situación, del tipo de flora, de la textura del suelo, de cualquier cosa llamativa y diferenciadora que se apartara algo de lo normal.

Necesitábamos adentrarnos en ese recinto, pero con autorización. Pensé que no iba a ser una tarea fácil, pero no fue así, me puse en contacto con el cuartel y nos reservaron una mañana en la que no realizaban prácticas de tiro ni maniobras para que acudiéramos, en realidad sí que había maniobras programadas pero el "mando" (Tte. Coronel del Regimiento) que nos atendió muy amablemente nos dijo que no importaba porque iban a salir a nuestro encuentro y nos indicarían las zonas por las que podíamos ir sin peligro. Así lo hicimos y acudimos muy temprano una mañana de octubre de hace ahora tres años.

La visita era hasta el mediodía y algunos soldados que fueron a recibirnos nos indicaron las zonas por las que podíamos estar sin peligro y sin entorpecer sus quehaceres. Era un día de octubre y ese año en esas fechas no había llovido mucho, el verano había sido seco, sin tormentas y nos comentaron que las expectativas de recolectar muchas setas no eran óptimas. Nos decían *"este año todavía no hemos tenido que requisar ninguna seta"*, lo decían con una sonrisa; se intuía que habían patrullado en muchas ocasiones con la misión de interceptar a las personas que habían saltado el vallado.

Empezamos a caminar y, a pocos metros del lugar en el que nos habían dejado, ¡zas! setas a la vista. Sinceramente, no íbamos con la intención de recolectar, pero eran tan hermosas que no pudimos aguantar y nos agachamos para recogerlas. Eran las primeras, después el entusiasmo ya decayó y las que encontrábamos a nuestro paso las dejábamos en el sitio, aun así recolectamos como un kilo y medio, más que nada para que al salir no nos dijeran que porque no habíamos recogido alguna.

Fue transcurriendo la mañana, caminando arriba y abajo, de vez en cuando se oían fuertes estruendos, provenían de "cañonazos", estaban lejos pero por el monumental ruido parecía que estuvieran a solo unos metros de nosotros. Pronto nos acostumbramos, nos habían dicho que las prácticas las estaban haciendo a más de dos kilómetros de donde estábamos y que además la dirección de tiro no era hacia el lugar en el que nos encontrábamos. Se veían pasar patrullas de militares, algunas a pie y otras compuestas de dos o tres jeeps, al vernos se desviaban de su camino y se dirigían a nuestro encuentro para preguntarnos qué es lo que hacíamos ahí, les decíamos que teníamos autorización, llamaban a la central para comprobarlo y tras ratificar que, efectivamente, era cierto nos dejaban continuar. Al comentar cual era nuestro objetivo enseguida mostraban su predisposición de ayudarnos en lo que fuera y surgían algunos comentarios sobre el tema de las "setas".

Era alucinante lo que estos "chavales" nos comentaban, no eran falacias, nos decían que en esta época hacían patrullas especiales únicamente para interceptar a personas que saltaban las vallas y deambulaban por el terreno sin percatarse que podía ser peligroso. Enseguida les invitaban muy amablemente a salir del recinto. Nos dijeron que ha habido casos muy llamativos y que incluso se han visto en alguna ocasión obligados a denunciar los hechos ante la justicia. Nos decían que era muy habitual encontrar a grupos, de no más de tres personas, con algunos kilos a muy tempranas horas de la mañana, antes de amanecer. En estos casos les requisaban las setas que habían recolectado y les acompañaban hasta salir del recinto con el consiguiente aviso de que si los volvían a "pillar" en otra ocasión la cosa iba a ser mucho peor. Les informaban de los peligros que acarreaba para su integridad lo que estaban haciendo.

Parecía que en parte disculpaban ese comportamiento, nos comentaban que son tantas las setas que se recogen que es difícil que la gente se resista a entrar, incluso habiendo sido apercibida en más de una ocasión. Nos decían que la publicidad que se ha hecho de algunos casos ocurridos y el *"boca a boca"* les ha ocasionado mucho daño.

Durante la mañana que pasamos deambulando, por aquí y por allá, no nos cruzamos con otras personas, ya he comentado que era muy al comienzo de la campaña y que no había llovido por lo que no había gente por los alrededores; sin embargo, ya había setales incipientes que venían a confirmar que todo era tal como nos lo habían contado, que ese lugar era un "vergel", que no eran fantasías ni embustes, que todo lo que habíamos oído era cierto.

Ya al mediodía, muy cerca de los barracones y de los puestos de vigilancia, veíamos a militares, personal del cuartel, que hacían lo mismo que nosotros, se agachaban muy de vez en cuando, pensamos que habían terminado la jornada y que estaban recolectando algunas setas para su consumo o llevárselas a algún familiar. A nuestro pesar decidimos dar por terminada la visita. Habíamos caminado mucho y nos dio la sensación de que no había transcurrido el tiempo, si por nosotros hubiera sido habíamos continuado el resto del día. Era tal el entusiasmo que no notábamos el cansancio y la fatiga. Caminábamos unos metros, nos agachábamos a cortar una o varias setas y nos reuníamos en ese punto los dos a comentar y a comentar….., así una y otra vez.

Tomamos muchas notas de lo que veíamos, de todo lo que nos pareció interesante para nuestro trabajo, en realidad era a lo que habíamos ido. Queríamos conocer "in situ" como era el entorno y que singularidades tenía. Al dar por terminada la visita nos acercamos a lo que en el argot militar se denomina "el cuerpo de guardia", había algunos soldados deseosos de preguntarnos como nos había ido la mañana. Se extrañaron de que no lleváramos muchas setas y nos preguntaron con algo de ironía *¿es que no conocéis la seta de cardo?*, les parecía que en toda la mañana eran muy pocas las setas que había en la cesta. Les respondimos que habíamos visto muchas más, pero que no habíamos ido con esa finalidad, que las habíamos dejado para ellos. Al decir esto se miraron y dejaron escapar una sonrisa de complicidad.

Nos dio la impresión que el tema les agradaba y nos daba pie a seguir conversando, parecía no importarles. Estuvimos un buen rato hablando y nos comentaron alguna anécdota que les había acaecido relacionadas con lo que tratábamos. Nos decían que llegadas estas fechas entre sus cometidos prioritarios estaba salir de patrulla por todo el recinto e invitar amablemente a toda persona que encontraran por allí a que abandonaran el recinto, que no se puede entrar sin permiso y que corren bastantes riesgos. Seguían hablando y el que parecía ser más veterano, nos comentó que llevaba en el cuartel más de 25 años, añadía que era raro el día que no se cruzaba con una docena de personas recogiendo setas. En fin, esto confirmaba todo lo que habíamos escuchado.

No les importaba seguir hablando y nosotros estábamos encantados porque nos dieron pie para hacerles algunas preguntas que no dudaron en responder. Nos quedamos con algo que dijeron, que aunque ya sabíamos mi hermano y yo, nos agradó volver a escuchar de boca de personas tan cualificadas y expertas, más si cabe, con la seguridad con la que lo manifestaban.

Nos dio por preguntarles si había setas por todo el recinto. Al unísono nos dijeron que **SI**, pero que había algunos lugares en los que nunca habían encontrado. Les sugerimos que quizás es que en esos lugares no había "cardos" y que esa podía ser la causa. La contestación fue que sí, que había y que algunos de esas zonas coincidían con los sitios por las que entraban y salían del recinto de forma siempre muy apresurada las personas que habían entrado a recolectar setas. La conversación continuaba provocada por nosotros ya que habían tocado un tema que nos interesaba entablar más a fondo. Les respondimos que era un poco raro, ya que si asiduamente se transitaba por esos puntos con las cestas con setas y además había cardos, lo lógico era que brotarán ya que sería mucha la concentración de esporas que se depositarían en muy poco espacio. Este comentario encerraba una pequeña "trampa", quizás esperábamos, que efectivamente, confirmaran lo que ya nosotros pensábamos sobre este aspecto.

El más veterano, y por lo que nos comentó muy aficionado a la micología, entro al "quite" y nos explicó muy bien y con argumentos sólidos, que si creíamos eso de las "esporas" estábamos equivocados, que esta seta no se propagaba por este medio porque de ser así, esos lugares tan bien localizados y que él conocía tan bien, estarían "plagado de setas" y que son muchos los años que los había frecuentado a propósito y nunca había encontrado.

Al igual que nosotros pensaba que esta seta utilizaba otro medio para su propagación y no reflejaba duda alguna al decirnos que debía de ser por debajo de la superficie del suelo, no sabía cómo, pero tenía claro que no lo hacía por medio de las ESPORAS. Nos decía que en más de una ocasión lo había comprobado ya que recolectaba setas para compartir con sus allegados y familiares, que lo hacía siempre con cesta de mimbre y que circundaba los mismos lugares provisto de la cesta repleta de setas y que por muchos paseos que había realizado por las zonas en las que nunca habían brotado, seguían sin hacerlo.

Ahora a lo importante…. ¿qué conclusiones sacamos?

El terreno es calizo con textura arcillosa. Muy apretado y topografía típica de la zona sur de la provincia de Valladolid, irregular con pequeños valles y agreste.

Con las lluvias se hace muy difícil el caminar ya que aún provistos de un calzado apropiado enseguida se nos adherirá la arcilla a las botas y desprenderse de ella ya sabemos lo difícil que es.

El campo está a resguardo de los fuertes vientos al estar situado en un valle bordeado por pequeñas montañas que se ven a lo lejos.

Aislados y con escasa densidad se ven pequeños arbustos y "zarzas". El resto de vegetación es la misma que la que podemos encontrar fuera del recinto, la que tenemos por toda la comarca de tierra de campos.

La planta que nos interesaba ver y estudiar era el Eryngium Campestre (cardo corredor), la umbelífera a la que se asocia la seta de cardo. Tal como esperábamos vimos una gran cantidad, de buen tamaño y en grupos bastante densos. En ese mes ya estaban casi al final de su ciclo anual, su parte aérea estaba casi completamente seca pero todavía no se había desprovisto de las semillas, estaban bien adheridas a las "cabezuelas". La proporción de cardos vigorosos era muy elevada, al menos por el terreno por el que estuvimos caminando.

De vez en cuando comentábamos como serían las setas que brotarían de ellos, serían hermosas y de un considerable tamaño….

Junto a estas plantas pertenecientes a la familia de las umbelíferas se observaban otras pertenecientes a la misma familia, al igual que gramíneas y otros tipos de los llamados cardos.

Hasta aquí todo estaba dentro de lo que podemos considerar como normal, el entorno y el ecosistema reunía las condiciones para que la seta pleurotus eryngii pudiera brotar, pero con estas características existen muchos lugares, incluso mejores; sin embargo, creímos ver otros factores que nos estaban queriendo decir el por qué ese terreno era tan singular.

Lo que denominamos singularidad pudiera deberse a algo todavía no descubierto, pudiera ser alguna planta en especial que estuviera asentada allí y que contribuyera a la propagación o colaborase con el cardo en la propagación del micelio de la seta, puede que se deba a las propias "cepas" de las pleurotus que se han asentado ahí; en fin, factores que todavía estén por descubrir y algún día salgan a la luz. Sin embargo, sí que existe algo que distingue este lugar de otros muchos en los que podemos encontrar la seta de cardo, se ve a simple vista y se hace muy a menudo, ese algo era el uso que se está dando a esos terrenos y que sin pretenderlo está favoreciendo la propagación a gran escala de esta seta.

¿Qué es ese algo? **TANQUES Y CAÑONES…**

Bien, de esta forma tan poco ortodoxa, sorprendente y a la vez atrevida voy a intentar plasmar lo que quiero decir.

Por todo el recinto transitan vehículos PESADOS desplazándose de un lugar a otro para realizar lo que en el argot militar denominan "maniobras", la mayoría son de gran tonelaje y provistos de "cadenas" para facilitar la tracción de estos vehículos militares. Al desplazarse levantan y voltean una capa superficial del suelo, en especial si el terreno está blando, sortean los desniveles e irregularidades del terreno con facilidad y desplazan ligeramente tierra de unos lugares a otros, prácticamente no hay obstáculos que no puedan salvar ayudados por la tracción que les proporcionan esas cadenas y la potencia de sus motores.

Sin pretenderlo se están realizando lo que en agricultura se denomina unas "labores culturales" al terreno mejorando su estructura y favoreciendo la oxigenación a una profundidad que favorece el desarrollo y propagación del micelio de nuestra seta.

Las cadenas remueven y levantan unos 7 cm de la capa superficial, es aproximadamente lo que penetran los salientes de las mismas al desplazarse. Hay otra cuestión muy a tener en cuenta dependiendo de la época del año en el que se haga. Si se hace entre los meses de septiembre y octubre a lo anterior hay que añadir otra acción muy positiva que repercute sobre la planta. En esas fechas la parte aérea del cardo ya está completamente seca y lista para desprenderse del tallo. Como sabemos las semillas de esta planta llegan a otros lugares principalmente por la acción del viento pero en nuestro caso también contribuye, y mucho, estos vehículos desplazando los cardos y diseminando las semillas. No solo ayudan a su propagación, sino que además, las entierran ligeramente con lo que garantizan un mayor porcentaje de semillas que germinarán.

Sabemos que las semillas de esta planta para que germinen necesitan estar en contacto con la tierra y no a mucha profundidad para que la densidad de las que produzcan nuevos brotes sea mayor. A esto debemos darle la importancia que realmente tiene, no olvidemos que la seta brota de la RAIZ DEL CARDO y que obviamente cuantos más hay en el terreno MEJOR PARA EL HONGO QUE PRODUCE NUESTRA SETA.

Recopilamos muchos datos que nos serán muy útiles para nuestro proyecto, pero también con el convencimiento y certeza de que lo que se realiza en ese lugar de forma cotidiana, y sin pretenderlo, es muy beneficioso para el avance y progreso de nuestra seta, y que amén, de otros posibles factores, esto es lo que le hace a este lugar tan **SINGULAR Y ESPECIAL**.

He adelantado en este relato la importancia que tiene para la seta la planta, el Eryngium Campestre (cardo corredor) sin la cual no existiría esta variedad de seta del género Pleurotus, dedicaremos todo un BLOQUE a ella.

En la visita que hicimos a este emplazamiento no era nuestro propósito que recogiéramos muchas setas. Las fechas no eran las más propicias y la temporada venía con retraso debido a la escasez de precipitaciones. Queríamos ver el entorno en el que todos los años este hongo proliferaba en cantidades apreciables; sin embargo, si vimos algunos buenos "setales" que, deseando de brotar nos obsequiaron con excelentes ejemplares, algunos con más de 12 cm. de diámetro.

Tomamos muchas notas de lo que veíamos a nuestro paso, en especial de la planta que gozaba de todo nuestro interés. Observamos algunos buenos "corros", las plantas todavía estaban fijadas al terreno y nos permitió realizar algunas observaciones que creímos muy interesantes. Desenterramos parcialmente algunas raíces en las que había brotado seta y nos llevamos algunas muestras para poder estudiar mejor en casa. En fin, a fecha de hoy, tanto mi hermano como yo, seguimos pensando que la visita fue muy productiva y que teníamos que repetirla en otra ocasión. Este año intentaremos solicitar permiso y volver en primavera y si es posible repetir en el otoño.

- **Si este hongo parasita solo la raíz del cardo ¿puede brotar un nuevo cardo si ha sido colonizado?**

El micelio invade la planta a través de su raíz, se va alimentando de ella hasta que agota todos los nutrientes siendo el desenlace que el cardo MUERE, y aunque sabemos que es una planta perenne le ha llegado su fin. Es tan agresivo el ataque de este hongo y lo realiza a tal profundidad por debajo del suelo que es provoca que la raíz no pueda recuperarse. De esa raíz, o sus restos, no brotará la planta si la ha invadido. Ha desaparecido la parte superior, la porción que está más cercana a la superficie del suelo, de lo que ha quedado no puede volver a brotar un nuevo cardo. Sabemos que la raíz es pivotante y que puede profundizar mucho, pero no saldrá a la superficie produciendo nuevos brotes si el hongo ha destruido más de 30 o 40 cm. de esa porción. Si este cardo ha llegado a producir semillas antes de que esto suceda -no todos lo hacen- y alguna ha germinado en otras zonas, brotará un nuevo cardo que pudiera ser colonizado por el hongo.

Con relación a lo que estamos comentando puede ser interesante lo que a continuación se expone ilustrado con fotos de cardos tomadas en distintas fechas.

Fvg.- Excelente "manojo" de setas sobre los restos de un cardo "múltiple" en la parcela en la que estemos realizando nuestros trabajos de campo.

Fvg.- (23/03/2014). Brotes de cardos (color púrpura en la foto) empezando un nuevo ciclo. En este mismo punto en otoño se recogieron "rosetones" de un excelente tamaño (véase la foto anterior). Esto nos indicaría, que aunque hayan brotado setas es posible que de esas raíces broten cardos. No fueron dañadas por el hongo en su totalidad.

Fvg.- (07/05/2014). Pasado un mes y medio desde la anterior imagen en la que se apreciaba que en ese punto empezaban a brotar con fuerza nuevos cardos, en esta ya vemos que no han conseguido salir a flote. Los restos de la raíces no tenían el vigor suficiente para la regeneración de la planta.

Fvg.- (01/07/2014). Imágenes en las que se ve con nitidez como el hongo ha invadido varias raíces. Los restos de seta son de un ejemplar que brotó en mayo.

Fvg.- Raíces colonizadas por el hongo a mediados de julio. En estas fechas, si ha habido alguna precipitación el hongo empieza a estar activo aunque no fructifique hasta octubre-noviembre.

Fvg.- Detalle en el que se aprecia que el hongo ejerce su acción a bastante profundidad de la superficie invadiendo la raíz de la que se alimenta. Se ha descubierto unos 30 cm de suelo

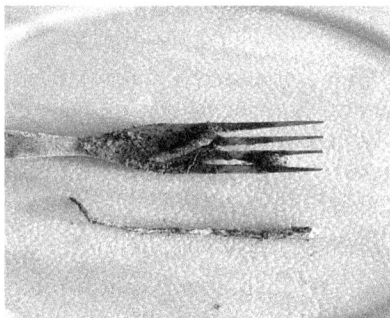

Fvg.- (01/07/2014). Raíz lateral de cardo invadido por el hongo. Grosor de aproximadamente 1 mm. Estas pequeñas raíces laterales son el "hilo conductor" de propagación del hongo hacia otras plantas.

- **El pastoreo ¿beneficia o perjudica los setales existentes y el asentamiento de otros nuevos?**

No todo es como parece. Se tiene la creencia de que el pastoreo, en especial con los rebaños de ovejas, es beneficioso y contribuye a la propagación de la seta. Puede que en general sea así y el balance sea positivo; sin embargo, pienso que esta práctica puede causar alguna consecuencia nada favorable dentro del entorno en el que se desenvuelve nuestro hongo y que provoca algún daño directo a los ejemplares que ya han brotado.

Estos animales, en su cansino caminar, comen de casi todo lo que encuentran a su paso, no se comen las setas pero lo que sí que hacen es arrancarlas con sus "patas" al caminar. No discriminan, lo hacen con pequeños "primordios" y con setas de mayor tamaño. En aquellos terrenos en los que han pastado arrasan con todas las setas que hayan brotado, han sido arrancadas del suelo y "pisoteadas" con lo que -al menos durante algunos días hasta que vuelvan a salir nuevos ejemplares- han destruido literalmente los setales que han encontrado a su paso.

Otro cuestión a considerar y nada positiva es que también "pisotean" y quiebran los cardos que se encuentran a su paso. En este caso el daño es indirecto, aminoran considerablemente la capacidad de producir semillas de esos cardos en los que no brotará el tallo central donde se localizan las "cabezuelas" productoras de las semillas. Hay dos períodos en los que esto se produce, uno en la primavera al inicio de su ciclo anual y en el verano antes de que los cardos productores de semillas lleguen al final de su ciclo vegetativo.

Los cardos "tocados" no desaparecen aunque les falten hojas o el tallo, lo que ocurre es que su porte y desarrollo se verá debilitado, y lo que es peor crecerán sin que lleguen a producir SEMILLAS. El resultado es que disminuye sustancialmente la posibilidad de propagación de nuevas plantas en esos terrenos y como ya sabemos a menor número de plantas menor densidad de setas.

Las salidas al campo de los rebaños entre los meses de septiembre y octubre no perjudican a la planta, por el contrario es una acción favorable ya que el cardo está al final de su ciclo anual, su parte aérea se está secando y las semillas están a poco de poder desprenderse de las cabezuelas a las que están adheridas.

Las ovejas ejercen una acción favorable en este caso, ayudan a que las semillas se desprendan de las cabezuelas que serán diseminadas a otros enclaves por la acción del viento principalmente. Ayuda a regenerar los terrenos en los que ya existen y a repoblar otros en los que no hay o son muy escasos. Serán ligeramente enterradas con el "trasiego" continuo del rebaño que las fijarán al suelo, germinarán cuando se den las condiciones climatológicas favorables.

Esta práctica de pastar al aire libre se sigue realizando por tierras de Castilla y León (menos en la actualidad), son rebaños que agrupan muchas cabezas y ocupan grandes extensiones de terreno. Caminan muy despacio permaneciendo mucho tiempo en el mismo lugar.

Esto ocasiona otro pequeño daño, en este caso es directo ya que se lo produce a la seta. Pisotean aquellas que han brotado y lo hacen de forma indiscriminada, en las que ya están demasiado "maduras" y en aquellos ejemplares jóvenes.

Otra tesis que circula y he podido escuchar en más de una ocasión, es que las ovejas se comen las setas que encuentran y que esto pudiera contribuir a la propagación ya que al depositar los excrementos se incorporan esporas potencialmente viables. No creo que esto se produzca ya que a estos rumiantes no les degustar setas, al menos esta.

En general pienso que el balance entre las ventajas y los perjuicios es FAVORABLE, al menos para el desenvolvimiento de la planta, el cardo corredor.

- **¿En todos los lugares que crece el cardo hay SETAS?**

NO. Los que asiduamente vamos a su encuentro hemos podido comprobar que esto no ocurre realmente así. Estoy seguro que todos nos hemos preguntado, al menos en alguna ocasión, el por qué salen en esta tierra y en otra que está al lado no hemos recolectado ninguna durante años, aun teniendo una gran densidad de cardos.

Sabemos que la seta se desarrolla y crece a expensas del Eryngium Campestre (cardo corredor), luego podemos afirmar que en aquellos terrenos en los que no crezca el cardo no encontraremos esta seta. Esto que es una obviedad conviene que se tenga muy presente.

No basta con que haya terrenos en los que el cardo corredor crezca, se necesita que estos estén invadidos por el MICELIO del hongo para que pueda fructificar produciendo setas. Si esto no ocurre no encontraremos esta seta en esos terrenos. Estaríamos ante un lugar potencialmente idóneo pero que no será capaz de producir setas. El micelio se desplaza lentamente y no recorre grandes distancias en la temporada, puede que todavía no haya llegado a esos lugares, también puede que no lo haga NUNCA. Obstáculos físicos en su camino puede que impidan también los desplazamientos. Esto lo vemos a veces en tierras colindantes, una produce setas y la otra no. Ese obstáculo puede ser que ambas estén separadas por una carretera o camino, etc...

- **¿Cuánto más cardos mayor densidad de SETAS?**

No necesariamente. Hemos contemplado lugares en los que aparentemente no existen muchos cardos y sin embargo hay excelentes setales. Setas (aunque pequeñas) en abundancia y que no muestran que allí hubieran crecido cardos, o al menos de forma visible, su parte aérea ya no está, el viento la ha diseminado; y al contrario, porciones de esa misma parcela en las que se aprecian zonas de muchos cardos y que nunca han producido setas. Pudiéramos pensar que en esos lugares, más pronto que tarde, tendríamos que ver alguna ya que si en zonas cercanas las hay esparcirían las esporas llegadas a su madurez y las probabilidades de que alguna llegara a germinar en la zona de mayor densidad es bastante elevada.

Como ya se ha comentado la colonización de la raíz del cardo por las esporas de esta Pleurotus es bastante improbable. El micelio de este hongo se desarrolla bajo el sustrato hasta que encuentra alguna raíz de cardo y la invade llegando a fructificar dando como resultado la seta. La distancia que puede avanzar el micelio cada año o período en el que está realmente activo, no se sabe, así como si se produce de forma continuada o si el micelio MUERE al no encontrar una raíz que invadir. Pienso que no son grandes distancias y que lo hace de raíz a raíz, pero esto lo veremos más fondo en otro apartado de esta publicación.

Fvg.- (06/2013) Parcelas con muy buena densidad de *Eryngium campestre*.

A finales del mes de junio en tierras de labor no cultivadas que se han dejado de barbecho durante algunos años.

Una buena densidad de cardos estaría entre las 8 ó 9 plantas por m2.

Estas parcelas cumplen perfectamente estas.

para que la seta se pudiera implantar

BLOQUE IV

SOBRE EL CARDO

CORREDOR

[Eryngium campestre]

Eryngium campestre

Fvg. - (06/2013). Eryngium campestre en tierras del Cerrato Palentino.

Fuente: De Wikipedia, la enciclopedia libre (Descripción...)
*Eryngium campestre (*Cardo corredor)

Eryngium campestre, el **cardo corredor, cardo setero** o **cardo yesquero….,** es una planta Herbácea Perenne de la familia Apiaceae (Umbelliferae).

Descripción

Es una planta espinosa de tallo erecto y muy ramificado que puede crecer hasta unos 70 cm de altura, no obstante, sus raíces son muy largas y pueden llegar a medir unos 5 m.

Sus hojas están cubiertas de espinas y divididas en lóbulos. Sus flores, de color azulado, se reúnen en cabezuelas rodeadas por un involucro compuesto de 5 o 6 brácteas. Su fruto es un aquenio de 2 mericarpios uniloculares.

Lámina de *Eryngium campestre* L., realizada por Daniel Martínez Bou.
(http://www.botanical-online.com)

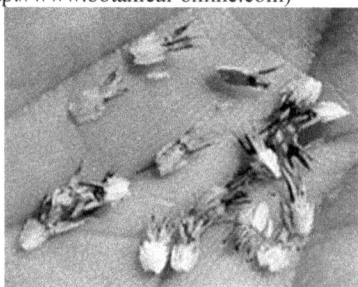

Frutos(aquenios dobles uniloculares escamosos)

Fvg.- Detalle de una hoja.

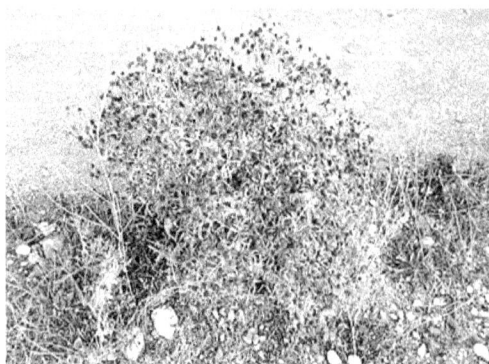

Fvg.- (11/2013).Eryngium campestre al final del ciclo anual. A punto de desprenderse su parte aérea de la base del tallo. En estas fechas las semillas están completamente secas, comienzan a desprenderse de sus "umbelas".

Hábitat

Es una especie común en Europa central y occidental, el norte de África, Medio Oriente y el Cáucaso. Se da principalmente en terrenos secos y planos, sobre todo en las orillas de los caminos y en campos de cultivo abandonados. A este cardo está asociada, mediante micorrizas ¿?, la seta de cardo (Pleurotus eryngii), de gran valor culinario.

Nota del autor: No es probable que la asociación sea mediante micorrizas. El discernir este extremo forma parte de los trabajos a emprender.

Ciclo de vida

Es una planta perenne del tipo vivaz, es decir, la parte aérea muere después de reproducirse y sólo persiste la raíz tuberosa hasta la primavera siguiente, en que rebrotan el tallo y las hojas.

Es una planta estepicursora, pues las inflorescencias se desprenden al morir los tallos y de allí se originó el nombre de "cardo corredor", pues por la acción del viento se arrastran tanto los tallos muertos como las cabezuelas secas. De este modo, se facilita la dispersión de las semillas e incluso la colonización de nuevos ambientes. Florece desde fines de primavera (mayo en el Hemisferio Norte) hasta inicios de otoño (septiembre), dependiendo el inicio y la longitud de esta etapa del clima y la latitud.

Fvg.- (02/08/214). Eryngium campestre en plena floración. Cabezuelas con gran número de pequeñas florecillas blancas.

Curiosidades

No se cultiva, por el contrario, se le combate cuando invade terrenos destinados al pastoreo o la producción de forraje. A pesar de esto, es bastante apreciado porque sus raíces son el hábitat del hongo Pleurotus eryngii, llamado seta de cardo, que en los países mediterráneos se recolecta para el consumo humano; por eso la planta recibe el nombre de "cardo setero". Además, en la herbolaria tradicional se le atribuyen propiedades diuréticas y cicatrizantes, sus hojas tiernas y su raíz pueden consumirse en ensaladas y cuando se seca puede usarse como adorno.

Bien, a nosotros lo que nos interesa de esta planta es la RAIZ y las SEMILLAS. La raíz porque es donde el hongo coloniza a la planta, encuentra todo lo necesario para desarrollarse y de la que se nutre, y las semillas porque con ellas el eryngium campestre se regenera produciendo nuevas plantas. Estas dos cuestiones las veremos con más detalle en otros apartados específicos que vamos a dedicarles. La importancia es tal, que merecen toda nuestra atención e investigar a fondo.

Nombre común: *Cardo, cardo borriquero, borriquero, cardo panical, cardo penicardo, cardo rodador, cardo santo, cardo setero, cardo ventero, cardo volado, ciencabezas, corremundos, eringe, eringio, mancaperros, panicardo, etc...etc...*, *hasta más de 50 que se sepa.* Fuente: "Enciclopedia Wikipedia".

OTRAS VARIEDADES DE CARDOS.-

Existen otras variedades de cardos que pertenecen a la misma familia que nuestro "cardo corredor". No son objeto de nuestro estudio; sin embargo, he creído interesante, al menos, enumerar alguna. Se menciona el nombre común por el que se conoce la variedad según qué lugares y su nombre científico.

http://enelultimorincon.blogspot.com.es/2012/08/la-inadvertida-utilidad-de-los-cardos

	Cardo lanudo (Cirsium Eriophorum)
	Flor de cardo marino (Silybum Marianum).
Fvg.- En nuestra parcela	Flores de cardillo (Scolymus hispanicus).
	Cardencha (Dipsacus fullonum)
	Cardo marino (Eryngium maritimum)

	Cardo azulado (Eringium bourgatii)
	Cardo pierenaico (Carduus carlinoides).

Fvg.- En nuestra parcela | Cardo corredor (Eryngium campestre)

Nuestro CARDO |
|

Fvg.- En nuestra parcela | Cardo borriquero o toba (Onopordumso). |

EL CARDO CORREDOR (Eryngium Campestre) EN NUESTRA PARCELA.-

Fvg.- (20/02/2013). Raíces de cardos seccionadas. Diámetro entre 1,5 y 2 cm en su parte superior. Raíces de plantas de diversos años.

Fvg.- Finalizando el invierno el cardo se mueve. Son plantas de más de un año en diversos estadios de crecimiento.

Fvg.- Empezando a brotar. Algunos nacidos de semillas y otros de rizomas de años anteriores (finales de abril/2013)

Fvg.- (09/06/2013). Cardo MULTIPLE en el CAMINO. Sobre un rizoma compuesto. Varios brotes saliendo del "cepellón".

Partes de una raiz principal:

"Cepellón": Zona superior y más gruesa. Es lo que se ve en el terreno una vez que la parte aérea ha desaparecido. En él se puede apreciar ligeramente los restos de las hojas que han quedado después de haber sido desplazadas por el viento.

Corteza: Zona externa de la raiz. Similitud con la corteza de un arbusto. Rugosa y resistente. Más cuanto más edad tiene la planta.

Zona intermedia: Color blanco-crema de consistencia blanda.

Zon interior: Blanca. Dura y resistente (leñosa)..

Fvg.- Raices (rizomas). Distinto grosor recogidos en la parcela a finales del verano cuando ha desaparecido su parte aérea. Corteza rugosa y endurecida cuanto mayor es su edad.

Fvg.- *Raíz con diferenciación de las distintas partes. La sección interior de consistencia leñosa. A la derecha raíces de distinto grosor.*

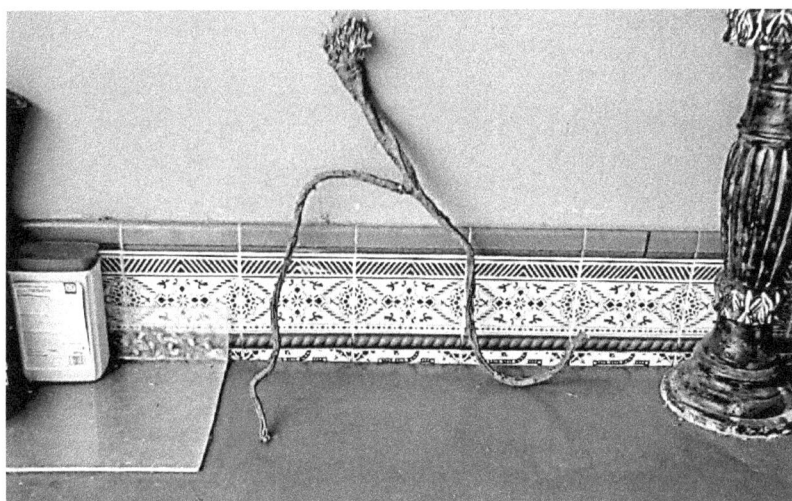

Fvg.- *Raíz con bifurcación. Posiblemente llegaría a profundizar entre 3 y 4 metros.*

Fvg.- *Sección de una raíz. Se pueden ver las tres capas bien diferenciadas.*

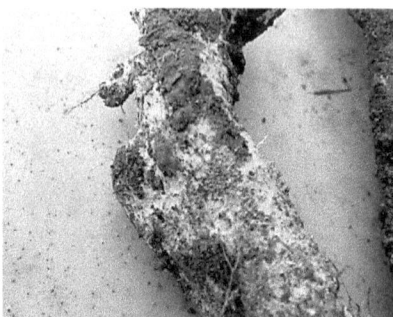

Fvg.- *(12/2013). Parte superior de dos raíces, una "invadida" por nuestro hongo y la otra completamente sana.*

Fvg.- *(01/07/2014). Raíz con bifurcación debida a un obstáculo encontrado en el suelo. Puede ser una pequeña roca.*

Fvg.- *(10/06/2014). Raíces robustas en la que empiezan a salir multitud de brotes. Este tipo de cardos es el que denominaremos "múltiple". El terreno es pobre, arenoso y pedregoso.*

NOTAS DE INTERÉS SOBRE EL CRECIMIENTO DEL ERYNGIUM CAMPESTRE

Están tomadas de observaciones realizadas en la planta durante todo su ciclo vegetativo. Comienzan a partir de finales de verano cuando los cardos están llegando al final de su ciclo y prácticamente esta seca su parte aérea (tallos y hojas). Las semillas ya están a punto de desprenderse de las fluorescencias -cabezuelas- que las mantienen unidas.

Entre los meses de febrero y marzo empiezan a brotar cardos de sus raíces vivas de años anteriores. Recordemos que es una planta perenne. Los que brotan de semillas de ese mismo año lo hacen antes, se pueden ver con dos pequeñas hojas ya en noviembre si las precipitaciones han sido las normales durante el comienzo del otoño.

A primeros de abril el número de cardos que han despertado de su "letargo" empieza a ser abundante.

Los cardos con raíces de muy poco grosor nos hacen pensar que son cardos que han brotado de SEMILLAS que han llegado a germinar. Son cardos del año y es muy buena señal ya que se está produciendo la regeneración de nuevas plantas.

De las raíces más gruesas (entre 1 y 2 cm de diámetro aproximadamente) el nacimiento del cardo es más vigoroso teniendo su parte central bastante densa, esto nos anuncia que crecerán con el "tallo" y que producirán semillas. Sabemos que hay cardos con ese tallo y otros no. Con la finalidad de estudiar el crecimiento de esta planta en condiciones controladas se han sembrado cardos en pequeñas parcelas. Los métodos de propagación utilizados son diversos. Se ha utilizado el trasplante de pequeñas plantas desde semilleros al terreno definitivo con marcos de plantación diversos y siembra directa esparciendo semillas en distintos sustratos

Fvg.- (abril/2013). Izq. plántulas de un año seleccionadas para trasplantar.. Dcha. plántula nacida de semilla en el mismo año.

ASPECTO DEL CARDO CORREDOR *(Eryngium Campestre)* **AL COMIENZO DE UN NUEVO CICLO VEGETATIVO.**

Crecimiento de cardos de su raíz (invierno 2013)

Aspecto de la planta en distintas fechas.

Fvg.- *Ejemplar de segundo año. Hojas bien diferenciadas.*

Fvg.- *(02/2013). Cardo nacido en la finca. Cardo del año anterior.*

Fvg.- *Izq. raíz de varios años de la que brota un cardo múltiple. Dcha. brotación de una raíz con un diámetro de unos 2 cm.*

Fvg.- *Ejemplares al comienzo de un nuevo ciclo. En la imagen de la derecha se aprecia por la grieta que es un suelo arcilloso. El cardo se adapta bien a terrenos con distinta composición y estructural.*

Fvg.- Plántulas a finales de marzo brotando de su raíz. Plántulas de 1 año.

Ya a finales de mayo se pueden apreciar ejemplares muy consistentes y empiezan a desarrollar los tallos centrales de los que tras la floración proporcionarán las semillas. Muchos no desarrollarán esos tallos hasta el segundo o tercer año. De algunas de las raíces brotarán cardos múltiples, muy vigorosos, que si son invadidos por el hongo las setas que veremos serán de un mayor tamaño o formarán "rosetones" con múltiples ejemplares. De las plantas que no brotan tallos productores de semillas también producirán setas.

ALGUNAS CUESTIONES MÁS ACERCA DE LA RAIZ.

Introducción al tema: Debido a la importancia que tiene la raíz por ser el sustento de nuestro hongo, es vital que hagamos un estudio más pormenorizado de todo lo relacionado con ella.

Fvg.- (05/2013). Raíz parcialmente descubierta en un "terraplén". De aproximadamente 2 m de longitud en la zona descubierta. Se observa como empieza a brotar el cardo. La longitud total pudiera ser de más de 4 metros tomando como referencia el diámetro que tiene en la porción visible.

Cardos que han brotado en la parcela en la que estamos trabajando, nos ayudarán a conocer aspectos interesantes sobre su comportamiento en el subsuelo, bajo la superficie.

En raíces de varios años la iniciación del crecimiento de la parte visible puede empezar a finales del mes de febrero, incluso antes si la climatología ha sido favorable. Empieza brotando un "ápice" central que dará origen a las primeras hojas basales. Este ápice busca la luz alargándose hasta salir a la superficie. Si el "cepellón" está a algunos centímetros del nivel del terreno, porque se ha depositado una nueva capa de tierra encima cubriéndola o por cualquier otro accidente, ésta en su intento de brotar busca la luz alargándose con vigor. Esto explica que el cardo vuelva a brotar en terrenos donde otras plantas no lo harían debido a la compactación de ese suelo producido por el tránsito continuado de tractores u otro tipo de maquinaría. Es habitual ver esta planta en caminos y senderos en los que el terreno está más compactado debido al tránsito de vehículos. Aunque estos en su paso aplasten o "quiebren" la parte aérea, el cardo volverá a brotar, y si no lo consigue en el año lo hará al año siguiente. Lo hará de la parte central o de alguna de sus yemas adventicias.

Se ha podido constatar que no es fácil eliminar los cardos con medios mecánicos. Esto se lo hemos escuchado decir a muchos agricultores que nos comentan que incluso realizando labores en profundidad vuelven a salir a la superficie. Nos comentan que la única forma de asegurarse de que no vuelvan a brotar es mediante la aplicación de productos químicos como herbicidas.

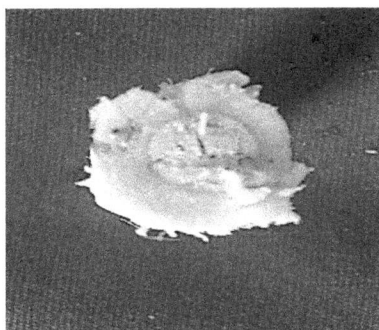

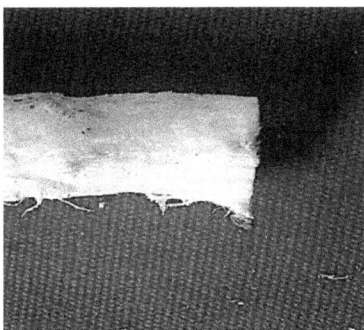

Fvg.- Distintas capas de las que se compone la raíz. La intermedia esponjosa y la centrar leñosa.

COMPONENTES PRINCIPALES DE LA RAIZ. Son muchos pero los principales son los siguientes:

Esencia de eringio, saponina, taninos, sacarosa, inulina, sales de potasio, resinas, gomas, ginesina….

Fuentes: Diversas (coinciden en los componentes). Especial interés tiene la "esencia de eringio" al ser un aceite esencial muy valorado y apreciado en cosmética y fabricación de perfumes…

Aun no siendo uno de los objetivos perseguidos con nuestro estudio, es de destacar las propiedades medicinales que se le atribuye a nuestra planta. Citaremos solo algo de lo que se publica por la red.

http://www.rdnattural.es/plantas-y-nutrientes-para-el-organismo/plantas/cardo-corredor/

Partes de la planta de uso medicinal (nos ceñimos solo a la raíz no al tallo y hojas, que también las tiene).

Raíz.

Sustancias activas: Saponinas, aceite esencial, algo de tanino, vestigios de un alcaloide, ácidos: málico, cítrico, masónico, oxálico y glicólico.

Propiedades: Existen diferentes campos de acción en esta planta; unos aceptados por la medicina tradicional y otros solo por la popular. Estos son algunos de los beneficios que podemos encontrar con el uso de esta planta:
Bronquitis acompañada de mucosidades densas.
Como diurético en todas aquellas enfermedades donde se haga necesario la eliminación de líquido: Hipertensión arterial. Litiasis renal. Retención de líquido. Reuma. Gota.
Depuración del organismo.
Ictericia.
Inflamaciones bucales: Uso externo: Aftas. Encías sangrantes. Gingivitis.
Menstruaciones irregulares.
Preventivo de enfermedades infecciosas.
Reuma.
Trastornos de la piel: Uso externo: Abscesos. Acné. Carbuncos. Dermatitis atópica. Dermatitis herpetiforme. Eccemas. Heridas. Forúnculos. Psoriasis.
Trastornos del Aparato Digestivo.

Trastornos del Aparato Respiratorio: Asma. Bronquiectasia. Catarros. Enfisema pulmonar. Exceso de mucosidad. Mucosidad espesa. Tabaquismo. Tos. Tos ferina. Tuberculosis.

Contraindicaciones y Efectos secundarios: No se conocen.

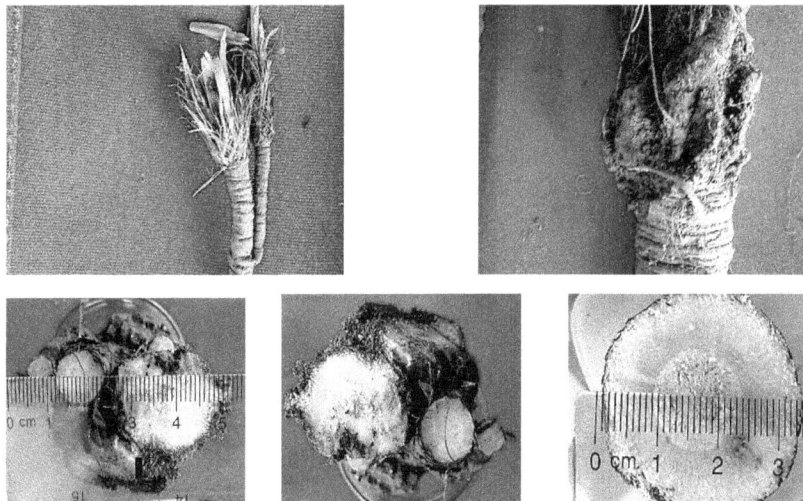

Fvg.- Sección de raíces. El grosor nos indica la edad de las plantas.

Fvg.- Raíz en la que se aprecia colonización no muy avanzada del hongo Pleurotus Eryngii. Se volvió a depositar la tierra extraída para que estuviera en contacto con la raíz. Es probable que brote alguna seta.

Fvg.- *De izq. a derch. Entramado de raices principales y secundarias.*
La principal gruesa y profunda. En otro ejemplar se observa que a brotado de una yema adyacente ya que la parte más superficial, donde se encuentra el "cepellón" fue cortada previamente al arar el terreno.

Fvg.- *Raíz que ha crecido horizontalmente pero que brota buscando la luz hacia la superficie*

Fvg.- *Izq. raíz descubierta en un terraplén para su estudio y evolución. Derecha brotando de una de las yemas adventicias laterales.*

ASOCIACIÓN ENTRE LA PLANTA Y EL HONGO. ALGUNAS INTERROGANTES.

- *Posibilidad de cultivo como cualquier otra planta (hortaliza)*

Esta planta no es de las más apreciadas ni vistosa para la mayoría de la gente - en especial para los agricultores - que la consideran como uno de los principales enemigos para sus cultivos, más bien es una planta que se debe de combatir y esto se ha venido haciendo desde siempre. No es muy exigente, ni necesita de cuidados especiales. Se adapta a cualquier tipo de suelo y clima, parece que prefiere los suelos calizos y arcillosos pero se la puede encontrar en otros con distintas estructuras organolépticas. No gusta de los terrenos ácidos en demasía. Basta con que esté expuesta al sol, necesita lugares soleados para poder desarrollarse aunque el terreno no sea fértil. Crece con facilidad en aquellas tierras cultivadas al practicar las labores de preparación del cultivo (principalmente cereales) y si no se hace nada pueden poblar en su totalidad esas tierras reservadas para otras especies comerciales.

Una vez que germina se asienta férreamente al terreno con su raíz pivotante. Se han encontrado raíces de hasta 5 m.

Esparce sus semillas cuando se desprende de su raíz la parte aérea debido principalmente a la acción del viento entre los meses de octubre a diciembre. El aíre, el ganado (ovejas) se encargan de llevarla de un sitio a otro incluso a grandes distancias. En ese continuo ir y venir va dejando sus semillas que se van desprendiendo y muchas de ellas germinarán cuando se den las condiciones adecuadas. Debido a esta forma de propagación es por lo que se le denomina vulgarmente *"cardo corredor"*. Las semillas germinan en superficie o bajo una ligerísima capa de tierra. Es una de las plantas denominadas "estepircursora".

De Wikipedia.- En botánica, se denominan estepicursores a las especies de plantas que viven en zonas esteparias o eriales y que, una vez fructificadas, el viento las arranca, transportándolas de un sitio a otro, rodándolas o arrastrándolas, de manera que sus diásporas (semillas o frutos) se suelten y se dispersen. También reciben la denominación de plantas corredoras o plantas rodadoras. En España, son muy características las especies Salsola kali y Eryngium campestre.

Entre los proyectos que se quieren emprender en este estudio está, como uno de los prioritarios, la siembra extensiva de esta planta como cualquier otra de las que se cultivan con fines comerciales. Debemos conocer a fondo todo su ciclo vegetativo.

No debiera ser demasiado complicado que, disponiendo de semillas de esta planta, podamos realizar siembras en parcelas o recintos controlados; sin embargo, debido a que esto no se ha realizado de forma intensiva nos encontramos con que todo está por hacer.

La germinación de semillas (de cualquier planta) no es una tarea tan fácil como nos puede parecer, requiere pasar por sucesivas fases y que se den las condiciones idóneas no siendo las mismas para cada una de ellas. En algunas plantas, en especial las que denominamos malas hierbas, la germinación pasa por procesos complicados y el porcentaje de germinación a veces es muy bajo. En el caso de nuestras semillas estas condiciones son muy a tener en cuenta y no basta con disponer de ellas y depositarlas en el terreno para que broten. Un estudio más a fondo sobre todo lo relacionado con este propósito se expone en otro apartado de este trabajo al que dedicaremos un bloque específico.

Fvg.- (02/05/2014). Plantas en terrenos con distinta composición y textura. El cardo no es muy exigente y se adapta a todo tipo de terreno.

- **Sabemos que es una planta PERENNE y VIVAZ**

Quiere esto decir que permanece en el suelo durante varios años **¿pero cuantos?. dos, tres, cuatro o más**….Efectivamente, se sabe que en primavera (prácticamente desde febrero hasta los últimos días del mes de abril) de las raíces que están en el terreno años anteriores, esta planta vuelve a "brotar". La raíz esta "viva" -aunque ha permanecido durante el invierno en estado latente- de ella brota un nuevo cardo que se desarrollará dando lugar a otro ciclo completo. El nuevo cardo brota de esa raíz (rizoma) y su envergadura dependerá y mucho del grosor que tenga ese rizoma. En muchas plantas nos encontramos que brotan más de uno. Ha estas plantas las denominaré como cardos múltiples.

Es VIVAZ, esto es que desaparece durante el año natural. Lo que desaparece y muere es la parte visible de la planta, hojas y tallo y solo queda la raíz (perenne) que no será visible a simple vista.

De otra fuente.

PLANTAS PERENNES (VIVACES): A diferencia de las plantas anuales y bianuales, las perennes o vivaces florecen y dan semilla varias veces a lo largo de su vida.
Estas plantas suelen perder la parte aérea en periodos de parada vegetativa (invierno), pero las raíces sobreviven. Al llegar la primavera vuelven a rebrotar y florecen, repitiéndose el ciclo vegetativo.

Fuente: MURCIA EDUCARM. Portal Educativo.
Consejería de Educación, Formación y Empleo de la Región de Murcia.
Copyright (C) 2013.

No sabemos, cuántos ciclos (años) puede permanecer la raíz viva, motivo por el que tampoco sabemos la capacidad de brotar nuevos cardos sobre la misma. Se podría saber la edad de esa planta en base a los anillos que tenga su raíz como ocurre con los arbustos, pero esto no está demostrado, lo dejamos ahí. Se sabe que sus raíces pueden llegar a profundizar hasta varios metros en el terreno (hasta cinco se puede leer en alguna publicación), sabemos que a mayor profundidad el diámetro de esa raíz en su inicio también es mayor con lo que podemos afirmar que los cardos que broten también serán de mayor porte y vigor. Esto nos confirmaría que si la seta (su micelio) se alimenta de las raíces de ese cardo se debe de esperar que las que pudieran crecer a partir de esa raíz son de un tamaño también mayor. Se ha observado que las primeras setas que se recogen en los primeros días del otoño suelen ser de un mayor diámetro del sombrero y pie más robusto.

Sea en los primeros días del mes de mayo o últimos de septiembre y primeros de octubre , es cierto que todas las personas con las que he hablado sobre este tema, aparte de mi experiencia personal, coinciden en afirmar que las primeras setas de esta especie que recogen suelen ser de mayor tamaño y más "apretadas". Pudiera deberse a que el micelio de esta seta se consolida y se propaga mejor cuando dispone de los suficientes nutrientes y esto ocurre cuanto mayor es la raíz del cardo. Cuando esto ha sucedido el micelio tiende a buscar nuevos asentamientos y en su trayecto va encontrado otras raíces de un menor tamaño que en las condiciones adecuadas las coloniza. El proceso que describimos necesita de su tiempo y de ahí se explica que en los meses de noviembre y diciembre se recolecten ejemplares de tamaño más reducido comparados con los que hemos podido recolectar al principio de la temporada. Las raíces más gruesas puede que estén invadidas por el micelio y su colonización no haya llegado a ser lo suficiente extendida como para destruirla completamente. En este caso aun estando la raíz herida puede brotar el cardo. Esto no ocurre así si la raíz es de un cardo pequeño, el hongo la ha destruido por completo mucho antes.

En Castilla y León la campaña de recolección de esta seta finaliza generalmente a mediados de noviembre. A partir de esta fecha solo brotan algunos ejemplares pequeños ya que el micelio se ha "parado" debido a que la temperatura ambiente y de la porción más superficial del suelo son demasiado bajas.

- **Cuando de un cardo brota una seta, o un grupo de "botones" ¿MUERE?**

Si este hongo se nutre raíz y se expande a otros lugares a través de las "raicillas" fundamentalmente, es lógico pensar que esa raíz no está en disposición de que de ella brote uno nuevo cardo ya que este proceso lo que ha originado es que el hongo **"MATE"** a la planta. Es probable que esa raíz ya hubiera agotado su ciclo vegetativo y que por tal motivo este hongo ha encontrado las condiciones adecuadas para su asentamiento, esto bajo la tesis de que el pleurotus eryngii es **SAPROFITA**; pero también pudiera ser que esa raíz estuviera en disposición de producir un nuevo cardo y lo que ha ocurrido es que el hongo la ha "invadido" alimentándose de ella llegando a matarla, luego en este caso el tipo de relación del hongo con la planta (su raíz) es **PARASITA**. No son muchos los organismos que puedan tener estos dos tipos de relación. Estamos ante un hongo en el que se pueden dar ambas.

Si esto ocurre realmente así es de una importancia VITAL ya que nos ayudará en las siguientes investigaciones a realizar en nuestro proyecto. No puedo por menos que volver a insistir y reiterar que todos los trabajos de nuestro proyecto van dirigidos a que se pueda controlar y expandir de forma natural y dentro de su hábitat la producción de esta seta y esto que estamos tratando podría influir muy considerablemente en todos los trabajos por la importancia que tiene, ya que no es lo mismo que tengamos que esperar a que la planta (el cardo) termine su ciclo VITAL para pretender que el hongo invada su raíz, a que en cualquier momento de su ciclo podamos forzar (mediante inoculación) la invasión y que como resultado nos fructifique la SETA.

La conclusión es que el tipo de asociación entre el hongo y la planta es **PARÁSITA y SAPROFITA.** Se trata más a fondo en otro apartado que se dedica a los trabajos de campo realizados.

- **¿Y si la relación entre ambas es "simbiótica"?**

Este tipo de relación entre la planta y el hongo se fundamentaría en que se suministren *"favores mutuos",* una relación en la que ambos seres se benefician mutuamente sacando provecho uno del otro y viceversa. Actualmente a esta relación se le denomina MICORRIZA de la que ya se ha descrito de forma simplificada el proceso Es muy común entre muchos hongos (comestibles y no) y las raíces de muchas variedades de árboles y arbustos y entre muchas otras plantas. Este tipo de relación no es la que se da en este hongo ya que la fructificación se produce única y exclusivamente a través de la raíz del cardo y no en los alrededores o cercanías como debiera de ocurrir si esta relación fuera de este tipo.

En algunas publicaciones he podido leer que la relación existente entre el hongo y la planta es esta. No hay pruebas que nos haga pensar que esa hipótesis se dé en esta variedad de pleurotus; al contrario, los cardos que brotan en las cercanías al lugar en el que se ha recogido algún ejemplar de este hongo, MUEREN.

- **¿Alguien más vive a expensas del cardo?**

Sí. Existen otros organismos que se aprovechan de distinta manera de nuestra planta, unos de su raíz, otros de su parte aérea o visible y muchos la utilizan como hábitat donde viven y ponen sus puestas. Algunos no son perjudiciales, por el contrario son beneficiosos actuando como depredadores de otros que verdaderamente son dañinos. Mencionaremos algunos de los que pueden causar algún daño y que conviene que tengamos en cuenta, *"no son todos lo que están ni están todos los que son"* pero son los más llamativos y conocidos, causan daños a nuestra planta por distintas vías y ya sabemos que cualquier incidencia negativa es perjudicial para ella y para nuestro hongo, por consiguiente a nuestra SETA. Los enemigos propios de la seta, los describiremos en otro bloque que le dedicaremos a este tema.

-      **¿Quiénes son y como lo hacen?.** Aquí tenemos algunos……

Nota: No son muchos los organismos que sean verdaderamente letales y destruyan por completo el Eryngium Campestre, al menos no existen estudios concretos sobre este tema. Los que enumero como ejemplo, permitiéndome una "pizca", digamos, de ligereza en la forma de hacerlo, son los que durante estos tres años de estudio y observaciones de esta planta he podido constatar. Las parcelas de observación han sido varias, en ellas el cardo era la planta predominante formando grupos con densidades muy apreciables. Aun teniendo el cardo como principal planta en pocos de ellos se han recolectado setas.

Uno. Orobanche amethystea .Thuill. subsp. Amethystea

Familia: Orobancácea

Orobanche amethystea

¿Qué daño produce y cómo?.

El daño es LEVE. Parasita el cardo por su raíz llegando a "matarlo". La densidad de invasión no es elevada pero puede acrecentarse año tras año.

Es otra planta. No se encuentra en todos los terrenos en los que crezca el Eryngium Campestre. Es una planta competidora de nuestro hongo ya que parasita el cardo (su raíz) nutriéndose de ella disminuyendo las posibilidades de que el micelio pueda colonizarla, de ahí que tiene como sinonimia - entre otras - Orobanche eryngii

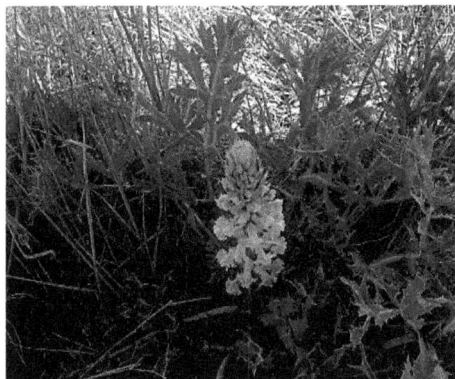

Fvg.- (20/05/2014). Amethystea en plena floración en nuestra parcela. Si descubrimos la parte superficial del terreno se observará que su raíz parasita la del cardo corredor.

Dos. *Microtus arvalis. Nombre común:* **"topillo"**

Microtus arvalis. Nombre común: "topillo".
-% daños: ALTO

¿Qué daño produce y cómo? MUY ALTO. Se come las raíces que van encontrado a su paso al horadar las galerías. Podemos encontrar completamente seca la parte aérea del cardo mucho antes del fin de su ciclo vegetativo. Se come la raíz y la resquebraja.

Mención especial y un lugar privilegiado nos merece un "animalillo" de apariencia simpática e incluso no desagradable que es capaz de causar cuantiosos daños en los campos sembrados con cualquier cultivo y que periódicamente alcanza la categoría de PLAGA por nuestras tierras de Castilla y León. Fue en el 2007 cuando los agricultores y técnicos de los distintos servicios agrarios se dieron cuenta de lo letal que era para sus cultivos en especial los de regadío. Su nombre común es *"topillo"*. Por el interés que puede tener en nuestro trabajo y porque ha quedado demostrado que infringe graves perjuicios a nuestra planta es necesario describir algo relacionado con él. Empezaremos con una publicación recogida de "Wikipedia" en ese año 2007 que nos ayudará a situarnos en la gravedad que puede tener el problema. Parece ser que la aparición como plaga se produce de forma cíclica y ha tocado de nuevo en este año 2014. No se conoce su intensidad en otras Comunidades pero en Castilla y León está afectando a todas las provincias.

Plaga de topillos en Castilla y León de 2007

De Wikipedia

Topillo en plena acción.

La plaga de topillos en Castilla y León de 2007 comenzó a desarrollarse a principios del verano de 2006 en dicha comunidad autónoma española,[] concretamente en la **provincia de Palencia**.

La plaga adquirió relevancia a partir del verano de 2007, cuando los campos de la meseta se vieron repletos de estos roedores que arrasaban los cultivos, especialmente los de regadío. Tras un verano devastador, la plaga se dio por finalizada institucionalmente a finales de septiembre de 2007, al haber descendido la densidad de estos roedores en toda la comunidad, pero la abundancia de estos aún fue anormal durante los tres meses siguientes. Solamente tras la llegada de las heladas y el frío de los meses de noviembre y diciembre terminó definitivamente. El culpable fue el topillo campesino (Microtus arvalis), que arrasó los cultivos de la meseta norte. Esta especie euroasiática únicamente había penetrado en la península Ibérica hasta la Cordillera Cantábrica, donde se diferenció y llegó a ser una subespecie que recibe el nombre de Microtus arvalis asturianus. Ésta comenzó a extender su hábitat hacia el sur, liberándose de sus depredadores naturales, las rapaces. En años normales, su población no llegaba a superar los 100 millones, pero en el verano de 2007, se estima que alcanzaron por lo menos los 700. Arrasaron un total de

500.000 hectáreas de cultivos y provocaron pérdidas por valor de 15 millones de euros. Su voracidad les llevó a ser calificados como el azote de Castilla.

Estuvo presente en toda la comunidad de Castilla y León, siendo las más afectadas las provincias de Valladolid, Segovia, Palencia y Zamora, especialmente en las zonas de Tierra de Campos, y en la zona limítrofe con Tierra de Medina, en la que confluyen otras provincias como Salamanca y Ávila. Además, llegó a situarse en los municipios del Aliste, a punto de cruzar a Portugal.

Del artículo se extraen dos conclusiones que nos afectan muy directamente en el tema que nos ocupa, una es que este "animalillo" lo tenemos en Castilla y León y que no parece haberse asentado en otras Comunidades Autónomas, y otra que prospera y ocasiona los mayores DAÑOS en tierras de regadío.

Aunque ocurrió en el 2007 y tuvo la consideración de plaga, también la hubo en 2014 y en la actualidad también la estamos sufriendo con un grado de virulencia alto en tierras del Cerrato Palentino y Tierra de Campos. Por parte de instituciones y de forma mancomunada por distintas asociaciones de agricultores, se está intentando erradicar esta plaga, pero los resultados y la controversia que suscita los métodos a aplicar, ha ocasionado que no se obtengan los resultados deseados. Se sabe que estos "topillos" se alimentan de plantas tiernas y que se les ve en abundancia en terrenos húmedos, terrenos de regadío principalmente.

Es ese hábitat disponen de plantas tiernas y del agua necesario para su sustento y la de su "prole". En su dieta no entran directamente los cereales, trigo, cebada, etc…, cuando están secos, apunto de cosecharse; sin embargo, cuando en los meses de julio-agosto escasea otro tipo de plantas, no tienen más remedio que alimentarse de los restos que han dejado en el terreno las cosechadoras en la recolección. Lo hacen si no tienen en sus cercanías otros terrenos en los que estén otro tipo de plantas como ocurre si al lado tienen cultivos de alfalfa o girasol, a los que causan gravísimos daños.

¿Por qué decimos que es un enemigo de nuestro "cardo corredor"?.

Este roedor de pequeños tamaño y aparente torpeza, al igual que otros de su género (ratones y ratas) procrea y mantiene a su "prole" en pequeños túneles que horada por debajo de la superficie del suelo. Excava multitud de galerías a poca profundidad que se comunican unas con otras con el fin de servirle de refugio y lugar en el que las crías permanecen protegidas del acoso de otros depredadores.

Tenemos que tener en cuenta que es un mamífero que puede realizar hasta 7 gestaciones en el año con un promedio de hasta 12 crías en cada una. Nos podemos hacer una ligera idea de la cantidad y en que pequeño lapsus de tiempo pueden llegar a ser considerados como plaga.

Suelen ocupar grandes superficies de terreno y llegan a invadir parcelas sembradas con diversos cultivos. Se alimentarán de lo que allí encuentren que suele ser las pequeñas raíces de las plantas cultivadas. Cuando agotan los recursos, o las condiciones ya no le son favorables, buscan nuevos lugares que estén provistos de plantas tiernas y verdes para alimentarse.

Se les puede ver en cunetas y en las márgenes de los ríos y acequias. Es en esos lugares y las tierras que no se han sembrado, por ser pobres o por estar en barbecho, donde causan el daño al cardo. Esta raíz parece resultarles sabrosa y la rumian originando la muerte de la planta.

Es obvio que si esquilman la planta también lo harán con la seta que brota de ella. No está documentado que este "animalillo" también se alimente de la seta pero no se descarta que lo haga cuando no tengan a su disposición otro tipo de plantas.

Lo podemos considerar como un enemigo bastante "letal" para el cardo corredor. En otros lugares de la Península no ha llegado a constituir plaga e incluso se desconoce. Es de desear que esos territorios sigan así y no tengan que combatirlo.

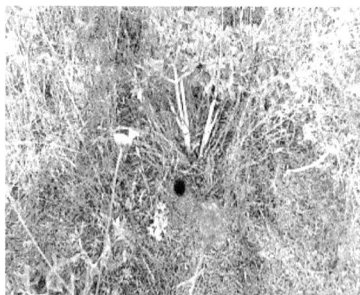

Fvg.- Esto es lo que se puede ver en muchos terrenos en los que se recolectan setas. A la izq. se ve la raíz seccionada por uno de estos roedores. Si el terreno no es muy

compacto es habitual ver los agujeros de sus madrigueras al lado de las plantas junto con un pequeño montículo de la tierra que extraen.

Tres.   *Oryctolagus   cuniculus.*
Conejo de campo

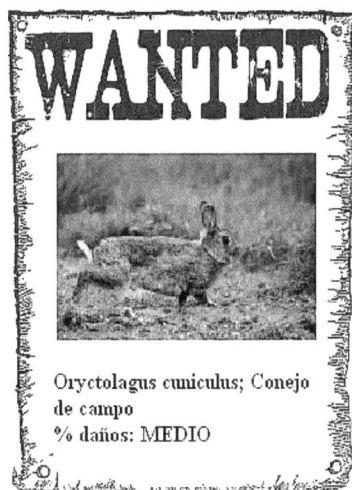

Oryctolagus cuniculus; Conejo de campo
% daños: MEDIO

¿Qué daño produce y cómo? MEDIO. Ataca vorazmente la parte aérea cuando es aún tierna y no encuentra otras plantas con las que alimentarse. Degusta en primer lugar la parte central de la planta con lo que no brotará el tallo. Cuando este ha conseguido brotar se lo come o resquebraja por la parte inferior. Estos cardos no producirán "semillas" imposibilitando la propagación natural de nuestro cardo.

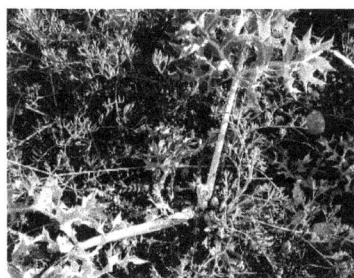

Fvg.-En primavera cuando los cardos están empezando a brotar y comienzan a salir los tallos. Aquí vemos que esos tallos han sido rumiados en la base por algún conejo.

Cuatro. OTROS….

El Eryngium Campestre no goza de mucha simpatía en agronomía. Es combatido encarnizadamente por los agricultores, motivo por el que no ha merecido la pena estudiar en profundidad para detectar sus necesidades, carencias y menos aún las múltiples enfermedades que le pueden atacar debilitando su desarrollo normal. No sabemos mucho sobre lo que he denominado sus enemigos. Esos enemigos pueden ser visibles como los insectos, limacos, nematodos, etc. y quizás otro gran número invisibles como bacterias, hongos, mohos, etc...

En el tiempo que he dedicado a este proyecto me he percatado que llegar a saber más sobre este asunto tiene su importancia ya que esta planta es transcendental para que sigamos teniendo por nuestros campos la llamada "seta de cardo", sin esta planta no existiría. Concluiremos este apartado con algún ejemplo de lo que estamos diciendo en referencia a algo que he podido constatar pero dejando en el aire la importancia que tiene el que lleguemos a saber mucho más en relación a esos que yo denomino "enemigos de la planta". Será trabajo de otros colectivos más especializados que con sus estudios puedan llegar a detectar los problemas y dar solución a los mismos. Como aportación a ese esfuerzo contribuyo con algo que he podido observar.

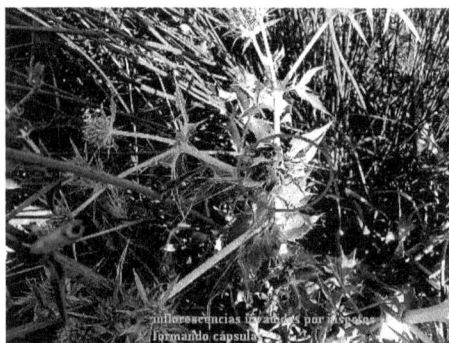

Fvg.- (06/2014). Algunos de los huéspedes que les agrada el eryngium como habitáculo para realizar sus puestas.

Fvg.- (07/2014). Cardo completamente "sano" y otro a poca distancia con visibles síntomas de alguna enfermedad. A la derecha otro cardo casi completamente seco, pero en este caso es porque está siendo atacado por el micelio de nuestro hongo y del que previsiblemente brotarán setas en otoño.

Fvg.- (05/2014). Algunos insectos realizan sus puestas en los extremos de los brotes del cardo formando un "encapsulado" del que posteriormente saldrán las nuevas generaciones.

Son muchos los insectos que utilizan el cardo corredor como hábitat para realizar sus puestas. NO todos perjudican a la planta, algunos pueden ser beneficiosos. El "encapsulado" no destruye la planta por completo, solo la ramificación en la que se encuentra que no llegará a la floración y no producirá semillas, se interrumpe el crecimiento de la parte de la planta en la que han realizado la puesta y el encapsulado de protección.

BLOQUE V

PARCELA (2,5 Ha)

SOBRE LA PARCELA

EN LA QUE SE

HACEN LOS TRABAJOS

En anteriores apartados hemos mencionando la parcela en la que se realizan los trabajos de campo. He creído necesario dedicar un bloque a la descripción gráfica y características de la misma para conocer el entorno en el que desarrollamos el proyecto.

Está situada en el término municipal de Tariego de Cerrato (Palencia). Tiene una extensión de 2,5 Ha. y está completamente vallada en todo su perímetro. Colindante con ella hay otra de 0,6 Ha. en la que se realizará la siembra de cardos y experimentaciones con esta planta.

Plano general de la parcela.

Antes de describir y enumerar las características expondremos algunos datos que nos ayudarán a comprender mejor el por qué es una zona privilegiada para el asentamiento del hongo Pleurotus Eryngii (seta de cardo).

PARCELA (2,5 Ha.)

SITUACION:

El Termino Municipal de Tariego de Cerrato está encuadrado en la provincia de Palencia, Comunidad Autónoma de Castilla y León. Está ubicado a 41º 54' 16'' N y 04º 28' 48'' O, pertenece a la Comarca del Cerrato Palentino situado al suroeste de la provincia de Palencia. Se encuentra a 14 km de la capital, en dirección Valladolid. Este municipio limita a norte con Dueñas, al sur con Cevico de la Torre, al noreste con Hontoria de Cerrato y al noreste con Venta de Baños. Cuenta con una superficie de 20,68 Km2 y una densidad de población de aproximadamente 25,58 hab./Km2.

CLIMA:

El clima es mediterráneo continental, caracterizado por temperaturas extremas y contrastes diarios, es decir, fuertes oscilaciones termométricas tanto diarias como anuales.

Se caracteriza por rigurosos inviernos largos y fríos con heladas que abarcan la totalidad del invierno y a veces se presentan de forma tardía (incluso en mayo); los veranos son caluros y cortos. Según los datos de la estación climatológica próxima de Venta de Baños, presenta una temperatura media anual de 12,4º C y máxima entre 26 y 30º C, mostrando a lo largo del año una gran amplitud térmica como rasgo característico. El mes más caluroso es agosto con 21,1º C de temperatura media, el mes más frio es enero con 3,5º C. La precipitación media anual es de **429 mm**. El mes más seco es agosto con **16 mm.** mientras que el mes con las mayores precipitaciones del año es mayo con **49 mm**.

Fuente: Climate-Data.org (edición modificada por adaptación al idioma)

El mes más seco es agosto, con 16 mm. y de más precipitaciones es mayo

con 49 mm de media.

El mes más caluroso del año es agosto con un promedio de 21.1 °C.

El mes más frío del año es enero con un promedio de 3.5 °C .

ESTRUCTURA DEL SUELO:

En cuanto a la litología, los suelos son pardos calcimórficos, con una textura franca y escaso contenido en materia orgánica. Existen gran cantidad de depósitos de bloques de gravas, ello explica la gran cantidad de graveras que proliferan en la zona más baja del municipio. También hay diversas zonas con grandes bloques de calizas y margas en especial la parte central del municipio en el que está situado el núcleo urbano.

Fuente: "Normas Urbanísticas Municipales de Tariego de Cerrato (Palencia)"

Como resumen de los datos referenciados destacamos que el suelo está formado por grandes zonas calizas y margas predominando una estructura limo-arenosa en la capa superficial. No es un terreno fértil; sin embargo, en la zona del "valle" colindante con uno de los márgenes del río Pisuerga cuyo cauce limita al norte, los suelos son más fértiles debido a las mejoras introducidas por las labores culturales propias del uso agrícola,. La capa superficial para el cultivo muestra una textura más proporcionada al equilibrarse ligeramente con arcilla.

El hongo en el que centramos nuestro estudio se adapta perfectamente a las condiciones descritas para la zona. Con pequeñas variaciones estas buenas condiciones las tenemos en todas las provincias de la Comunidad de Castilla y León. En cualquiera de las 8 provincias se recolectan en temporada cantidades significativas del Pleurotus Eryngii y los muy aficionados se desplazan a algunas de estas provincias para recolectar la seta. Esto no quiere decir que en otros lugares de España no tengamos este hongo, pero está aceptado que el de una mejor calidad contrastada lo tenemos por las tierras de Castilla y León.

Esta circunstancia se puede deber a diversos factores que se dan individualmente o en conjunto. Uno fundamental es la "climatología". Nuestro hongo necesita los contrastes climatológicos que solo se dan en Castilla y León, necesita de temperaturas suaves en otoño y de las precipitaciones en esos meses concretos, necesita de días cortos y nublados, necesita de días con nieblas persistentes y continuadas, necesita de algunos días de fluctuaciones bruscas de temperatura allá por el mes de diciembre, necesita de esas horas de luz, necesita también que se produzcan algunas tormentas en los meses de julio y agosto, no olvidemos que durante todo el año el hongo está en algún proceso para llegar a producir el fruto y que son indispensables, no son inmediatos pero necesarios. Esto lo veremos en los apartados correspondientes pero hay otro factor que no se menciona y que tiene **UNA VITAL IMPORTANCIA** para poder explicar el por qué en estas latitudes el hongo encuentra las condiciones idóneas para su propagación, este factor es **LA PLANTA SOBRE LA QUE SE SUSTENTA O ASOCIA, el Eryngium Campestre (cardo corredor)**.

Esta planta con "pinchos" y muy perseguida por los agricultores encuentra en nuestras tierras las condiciones idóneas. Es una planta que se adapta perfectamente a terrenos difíciles y poco productivos, no es muy exigente y soporta bien la falta de agua, parece ser que le basta con la exposición algo intensa al sol y que el terreno no esté encharcado para que año tras año la veamos erguida por muchos eriales y perdidos. Pues bien, si esta planta encuentra lo necesario y se propaga, la SETA ha encontrado su MATERIA PRIMA para que a su vez se desarrolle y se propague.

CARACTERÍSTICAS DE LA PARCELA.

El terreno tiene una orografía desigual con distintos niveles o bancales, así como distintos tipos de estructura del suelo. Es poco fértil ya que durante muchos años ha estado dedicada a la extracción de áridos. Una vez extraídos se restauró añadiendo una capa de unos 30 cm. de tierra fértil en algunas zonas.

El abastecimiento hídrico es posible debido al almacenamiento del agua de lluvia en balsas artificiales en las que se recoge la proveniente de las escorrentías. Se han realizado trabajos de adaptación del terreno acondicionando balsas para la recogida y almacenamiento de los sobrantes hídricos. El exceso de agua filtra con facilidad debido a la permeabilidad del suelo proporcionando caudales subterráneos aprovechables.

Con estos trabajos de acondicionado se consigue que las lluvias de primavera y el otoño no se pierdan a capas profundas por drenaje.

Actualmente son cuatro las balsas construidas situadas en distintos lugares de la parcela. Se han proyectado aprovechado los desniveles naturales del terreno.

El volumen que se puede almacenar es de unos 250 metros cúbicos pero se aumentará dicha capacidad para disponer de reservas suficientes en el verano que es cuando hace más falta. Es un aspecto fundamental y necesario ya que dispondremos de esa agua cuando se necesite para paliar la escasez de precipitaciones de ese periodo. Se estima que al ir ampliando las zonas de experimentación las necesidades hídricas van ser mayores. Las balsas tienen una profundidad media de 3 metros excavadas en la capa impermeable constituida por "greda". Se aprovecha la impermeabilidad que proporcionan estas arcillas para que no se pierda el agua por filtración.

Fvg.- *Preparación y acondicionado de una de las balsas.*

El terreno es en su gran mayoría de textura arenosa y caliza aunque hay algunas zonas arcillosas. Estas combinaciones son debidas a la actividad de extracción realizada en esta finca durante años. El PH es algo básico entre 7,2 y 7,8.

La vegetación espontánea es la típica de la zona en la que nos encontramos de la meseta, conviviendo el Eryngium campestre (cardo corredor) con otras especies de las denominadas "malas hierbas" entre las que predominan las siguientes:

GRAMILLA.- Agropyron repens, L. (P.B.) Gramíneas
MARANTO, BLEDO.-Amaranthus hybridus var. Erythrostachys, Moq. Amarantáceas
AVENA LOCA.-Avena fatua, L. Gramíneas
MOSTAZA NEGRA.-Brassica nigra, Koch Crucíferas
BROMO.-Bromus arvensis, L. Gramíneas
CARDO.-Cirsium arvense, Scop. Compuestas
CORREHUELA, ENREDADERA.-Convolvulus arvensis, L. Convolvuláceas
GRAMA.-Cynodon dactylon, Richard Gramíneas
PATA DE GALLO, COLA DE CABALLO.-Echinocloa crus-galli (L.) P.B. Gramíneas
PALOMILLA, ZAPATITOS.-Fumaria officinalis, L. Fumariáceas
MATA CANDILES.-Hypecoum procumbens, L. Papaveráceas
VALLICO.-Lolium perenne, L. Gramíneas
MALVA.-Malva rotundifolia, L. Malváceas
ALFALFA, MIELCA.-Mendicago sativa, L. Papilonáceas
GATUÑA.- Ononis spinosa.
AMAPOLA.-Papaver rhoeas, L. Papaveráceas
LENGUAZA, RASPAYASAS.-Picris echioides, L. Compuestas
LLANTEN MENOR.-Plantago lanceolatum, L. Plantagináceas
RÁBANO SILVESTRE, JARAMAGO BLANCO.-Raphanus raphanistrum, L. Crucíferas
SALVIA, VERBENA.-Salvia verbenaca, L. Labiadas
ALMOREJO, PANIZO.-Setaria viridis (L.) P.B. Gramíneas
COLLEJAS, SILENE.-Silene vulgaris, Garcke Cariofiláceas
CARDO DE MARIA.-Silybum marianum, Gaertner Compuestas
JARAMAGO.-Sisymbium crassifolia, Cavanilles Crucíferas
CERRAJA, LECHACINOS.-Sonchus arvensis, L. Compuestas
ORTIGA MAYOR.-Urtica dioica, L. Urticáceas
VEZA.-Vicia sativa, L. Papilonáceas
BARDANA.-Xantium orientale, L. Ambrosanáceas
CARDO DE LA VIRGEN, PICO.-Xantium spinosum, L. Ambrosanáceas

*Fuente: Guía de Campo de las Especies de Malas Hierbas más comunes de Valladolid.- Nota: De esta fuente se han mencionado únicamente aquellas plantas que se han visto en la parcela con una **densidad significativa**.*

Hay alguna zona sombreada en la que se encuentran algunos chopos y almendros que han brotado de forma espontánea. Se ha considerado de interés ya que se aprovecharán estos sombríos para contrastar los resultados que ofrezcan con los que se obtengan en el resto de zonas soleadas.

La totalidad de la parcela reúne unas condiciones muy favorables como hábitat natural de la seta que queremos estudiar ya que en ella se recolectan en la campaña otoñal. Es suficiente que caigan algunas pequeñas precipitaciones en verano (julio-agosto) para que a finales de septiembre ya se puedan recolectar las primeras setas cuando en otros terrenos en los que existen setales no han empezado a brotar. Las setas son de un tamaño medio considerable debido a que los cardos de los que brotan también lo son y que al estar vallada impide que otras personas entren en el recinto con lo que se evita la recolección de ejemplares demasiado jóvenes. Además de las características propias del terreno, un factor que puede explicar esta precocidad es que el suelo mantiene el grado de humedad durante bastante tiempo favoreciendo que la seta (su micelio) se pueda desarrollar a poco que las temperaturas le sean propicias.

Las temperaturas por debajo de los cero grados perjudican el avance del micelio ralentizando el crecimiento del hongo que necesita de temperaturas suaves para que el micelio siga desarrollándose de forma continuada y no se "aletargue". Los distintos desniveles y la orientación de la parcela protegen de estas situaciones adversas.

Aprovechado la distinta textura y composición del suelo y a que hay zonas muy densas de cardo junto con otras porciones en que no existen, o la densidad es muy pequeña, realizaremos las prácticas, con la planta y las inoculaciones en parterres diferenciados y señalizados. El estudio que estamos emprendiendo abarca muchos parámetros y es importante el seguimiento y control continuado de la evolución de la planta y contrastar los resultados que se obtengan en las zonas en las que brota la seta de forma espontánea y las zonas que no lo han hecho nunca. Es en estas donde procederemos a inocular con micelio del hongo. El micelio será adquirido a empresas que lo comercializan preparado de cepas autóctonas; sin embargo, se está intentando conseguir el "blanco de hongo" (micelio) de cepas de nuestra parcela que también utilizaremos como inóculo.

BLOQUE VI

SOBRE LAS ZONAS

DE

INOCULACION

En la parcela hay zonas en las que brota la seta cuando la climatología es favorable, y en cantidad apreciable. Todos los años, unos más y otros menos, se recolectan excelentes ejemplares; sin embargo, existen otras en las que nunca han brotado aunque las condiciones sean aparentemente las mismas. Esto mismo suele ocurrir en cualquier terreno de los que denominamos coloquialmente como "seteros".

Esta es una de las metas que nos proponemos conseguir, consiste en forzar que en esos puntos en lo que no ha brotado ninguna seta lo hagan, para lo cual ayudaremos a la naturaleza inoculando con micelio del hongo algunos "cardos" para que empiecen a producir setales de nuestro **"cuño"**.

Los puntos en los que se realizan las inoculaciones se han seleccionado atendiendo a la densidad de cardos, buscamos que el número no sea inferior a 6 plantas visibles por metro cuadrado. Aunque el cardo lo tenemos en toda la parcela, existen algunas zonas determinadas en los que la densidad por m2 es mayor.

Las primeras inoculaciones se practicaron hacia mediados del mes de julio del 2012 en 18 cardos situados en distintas zonas de la parcela, distantes entre sí y con distinta composición del suelo, a su vez, se inoculó en otros 4 fuera de ella. El "inóculo" está compuesto por micelio en grano comprado a una de las empresas que en la actualidad lo suministran.

Los resultados conseguidos con estas primeras inoculaciones han sido satisfactorios y se han ampliado las zonas con micelio de la misma empresa que nos lo suministró. En esta ocasión los tarro de micelio (1 litro) no tenían como sustrato grano de cereal, era algún tipo de pellet sin diferenciar debido al elevado grado de colonización que se había producido. Las empresas que comercializan esto no suelen decirte como lo han hecho y menos facilitarte la "receta".

En esta segunda oleada se han inoculado en 24 puntos nuevos con una separación menor entre ellos para monitorizar mejor los resultados. Las fechas de los trabajos han sido a mediados de agosto del 2013. Al igual que las inoculaciones del año anterior se realiza seguimiento periódico y toma de resultados. Se han señalizado cada uno de los cuadrantes y marcado minuciosamente los cardos inoculados; así mismo, se han realizado conteos del número de plantas visibles que existían antes de que se desprendieran los tallos y el viento las diseminara a otros lugares.

I.- INOCULACIONES EN LA PARCELA EN JULIO/2012

.Fvg.- Primeras zonas de inoculación dentro de la parcela.

1.- SITUACION DE LOS PUNTOS DE INOCULACIÓN

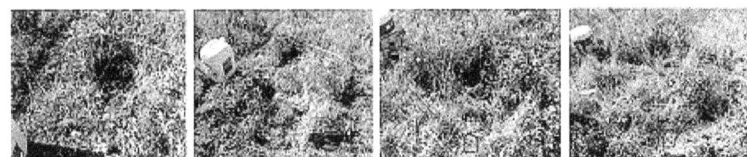

Fvg.- *Trabajos de inoculación en la parcela. Mediados de julio-2012*

Fvg.- Imágenes tomadas de 17 puntos de inoculación.

INOCULACIONES FUERA DE LA PARCELA (para contraste) (JULIO/2012):

Fvg.- Inoculaciones distantes del recinto principal.

Se inocula en otros cuatro puntos fuera de la parcela, en esta ocasión sobre cardos de pequeño tamaño y con una separación entre ellos algo mayor. Se pretende contrastar los resultados con lo ya realizado.

2.- Descripción del proceso.-

- Se inocula en 18 cardos en distintos lugares de la parcela y en 4 fuera de ella.

- El micelio (1 litro) es adquirido de una empresa que proporciona este tipo de producto. El sustrato en el que proporcionan el micelio (blanco de hongo) es grano de trigo.

- Las zonas en las que se realizan las inoculaciones se han seleccionado en puntos en los que nunca ha brotado ninguna seta, pero que si han crecido cardos.

- Ya que en la parcela existen distintos tipos de suelo se han diversificado los puntos inoculando en zonas con distinta composición y textura.

- Las inoculaciones se realizan en cardos de distinto tamaño clasificándoles en: pequeños, medianos y grandes según el porte y el grosor de la raíz.

- Las plantas están en periodo vegetativo. Son cardos del año en los que en esas fechas aún están provistos de parte aérea fijada a la raíz. Queremos confirmar que el micelio de este hongo coloniza y se asienta sobre *raíces "vivas" que no están en proceso de descomposición.*

- El micelio (unos 25 ml. por planta) se deposita alrededor de la raíz para lo cual se ha procedido a retirar la tierra y descubrirla a una profundidad de entre 7 y 10 cm. por debajo de la superficie del terreno. Una vez depositado se cubre con la misma tierra que se ha sacado y se aporta agua ligeramente para mantener un adecuado grado de humedad.

- Los riegos se programan cada 10 a 15 días hasta últimos del mes de septiembre fechas en que empiezan a caer las primeras precipitaciones otoñales. El aporte hídrico de esas lluvias es suficiente para que se produzcan brotaciones sin necesidad de riego adicional.

3.- Seguimiento y resultados.-

Abarca dos periodos ya que se han inoculado zonas en distintas fechas. Primeras inoculaciones en julio/2012 y otra oleada en agosto/2013. Se han monitorizado los resultados obtenidos tomando como periodos activos de brotación septiembre a noviembre del 2012, mayo a junio del 2013 y septiembre a noviembre del 2013. Las primeras muestras que corresponden a las inoculaciones realizadas en julio/2012 y octubre-noviembre para las segundas que corresponden a una segunda oleada a mediados de agosto/2013. Los resultados obtenidos en el mes de diciembre no se han tenido en cuenta ya que en estas fechas la sucesión de días con temperaturas bajo cero son significativos y los ejemplares que brotan son muy escasos.

A.-PERIODO ACTIVO PARA LAS PRIMERAS INOCULACIONES DEL 15/09/2012 AL 30/11/2012.

MUESTRAS	1	2	3	4	5	6	7	8	9	10	11	12	13	14	15	16	17	18	19	20	21	22
RESULTADO	-	X	X	X	-	X	X	X	X	X	-	X	-	-	-	-	X	-	-	X
Nº EJEMPLARES		1	3	1		3	1	4	1	3		1			6			1			1

Han pasado escasamente dos meses desde que se realizaron las inoculaciones y ya se empiezan a obtener resultados positivos. A mediados de septiembre el inóculo ha conseguido asentarse e invadir algunos cardos. Los resultados que se obtienen en estas fechas son orientativos ya que no ha transcurrido el tiempo suficiente para que el micelio realice avances significativos. La invasión de la raíz todavía se está produciendo con lo que, tanto el porcentaje de inoculaciones con éxito y porcentaje de ejemplares recolectados no ha llegado a su máximo.

- La "x" nos indica resultado positivo. Ha brotado algún ejemplar.

- En el "nº ejemplares" indica las setas que han brotado incluyendo las que lo han hecho a cierta distancia del punto de inoculación.

PORCENTAJE DE MUESTRAS CON ÉXITO: 55 %

Total SETAS: 26

CONCLUSION: Aun habiendo transcurrido poco tiempo desde que se inició, los resultados después de dos meses son alentadores. Se va propagando el micelio. Es de esperar que tanto en primavera, y más aún en el otoño siguiente, se aprecie significativamente la expansión y el hongo colonice nuevas raíces.

B.- PERIODO ACTIVO PARA LAS PRIMERAS INOCULACIONES DE MAYO A JUNIO DEL 2013.-

RESULTADOS EN MAYO/2013.

A las copiosas lluvias de los meses de marzo y abril hay que añadir que mayo también ha sido un mes en el que ha habido precipitaciones.

Esto ha venido muy bien para la germinación de semillas y que broten nuevos cardos. En estas fechas ya empiezan a desarrollar el tallo en aquellas plantas que han brotado otros años.

La vegetación en la finca ya es abundante pero no nos impide ver con gran nitidez las zonas donde la densidad de cardos nacidos es mayor. Vamos seleccionando las zonas que tienen una mayor densidad para inocular en estos puntos en agosto.

A finales de agosto y septiembre los cardos empezarán a secarse su parte aérea estando sujetos a la raíz podremos inocular descubriendo parte de ella. Nos interesan los más vigorosos y que no estén aislados. Estos cardos colindantes serán el indicador de cómo se desplaza el micelio al invadirlos. Nos interesa ver el recorrido y distancia desde el punto de inoculación inicial.

Las estamos haciendo en cardos "vivos" aunque ya al final del ciclo anual de la planta, en estas fechas ya solo es de esperar el desprendimiento de sus semillas. Lo hacemos sobre raíces de cardos que potencialmente estarían en condiciones de producir nuevas plantas el año siguiente.

No estamos inoculando sobre raíces de cardos "muertas" en fase de descomposición. Esto es para confirmar lo que ya vimos el año anterior con las inoculaciones realizadas en el mes de julio. **Este hongo invade y se asienta en raíces vivas parasitándolas.**

A fecha 20 de mayo se han recolectado algunas setas en zonas que en plena temporada nacieron en primer lugar. Lo han hecho en lugares libres, no son de las zonas inoculadas el año anterior. Lugareños que también se han lanzado en busca de algún ejemplar me dicen, que no han salido, que aunque ha llovido bastantes; sin embargo, las temperaturas han sido bastante BAJAS, entre 3 y 5 grados durante varios días seguidos.

Comentan que las setas que en esta época (mayo) son de peor calidad que la que recogen en otoño, que no tiene el mismo sabor ni la misma consistencia que las que brotan en octubre o noviembre. Creo que están en lo cierto, pero no se conoce la causa ¿será por las horas de sol, por el estado vegetativo de los cardos…..?.

El color del sombrero de es crema muy claro, algunos casi completamente blanco. El tamaño es apreciable y no se las ve formando corros como ocurre en otoño.

Además de los ejemplares recogidos en zonas no inoculadas han salido setas en TRES PUNTOS en los que se inoculó el verano pasado y donde ya en octubre de esa campaña habían brotado algunos más. Las setas que han brotado por segunda vez (mayo) lo han hecho a una distancia entre 50 y 80 cm. de los puntos en que brotaron en otoño. Esto confirma que el micelio inoculado se ha desplazado y ha invadido otras raíces cercanas que ha encontrado en su camino.

Estas setas han brotado sobre raíces que estaban en proceso descomposición o que estando "vivas" al invadirlas las han matado. Lo confirma el hecho de que de estas raíces no han brotado cardos.

Por el resto de la parcela, la mayoría de cardos que están brotando lo hacen de su raíz de años anteriores. También se observa una gran densidad de plantas de pequeño tamaño que brotan de semilla o son de un solo año. Se diferencian de los que nacen de su raíz en que son mucho más débiles y crecen verticalmente. Al descubrir algo la raíz se observa que es de muy pequeño diámetro y que no tienen el "cepellón" característico de los ejemplares de más años.

Durante los primeros días de junio ha llovido acumulando precipitación a las ya caídas durante el mes de mayo. En estas fechas, ya tardías, se sigue recolectando alguna seta.

En esas mismas fechas (primeros días de junio) también han brotado setas en algunas de las zonas de muestreo inoculadas con micelio comprado e inoculado el mes de julio pasado. Se recolecta en sitios que no habían salido en el otoño y en otros a poca distancia de los puntos exactos de inoculación. El micelio está avanzando en busca nuevos asentamientos.

En el resto de la parcela se han visto ejemplares aislados de gran tamaño. No se han recolectado y se han dejado en el terreno.

SETAS QUE HAN BROTADO DURANTE EL MES DE MAYO Y JUNIO/2013.

Fvg.- (10/06/2013). Brotes en la parcela principal. Zona de muestras M-11.En esta zona ya brotó un ejemplar en el lugar inoculado en otoño, volvió a salir otra seta en mayo en distinto punto a unos 50 cm y ha salido otra en junio muy cercana a esta última. Se inoculó en julio/2012.

Fvg.- (10/06/2013). En el huerto. Zona de muestra M-19. En otoño pasado no brotó ninguna (a unos centímetros del punto de inoculación).

Fvg.- 10/06/2013. Seta nacida en la parcela principal. Zona de muestra M-7. En esta zona no nació ninguna seta en otoño pasado.

Fvg.-Seta a mediados de mayo/2013 a unos 30 cm. De distancia del lugar en el que el otoño pasado se inoculó un cardo. (zona de muestra M- 6)

MUESTRAS	1	2	3	4	5	6	7	8	9	10	11	12	13	14	15	16	17	18	19	20	21	22
RESULTADO			x		x	x					x									x		
Nº EJEMPLARES			3		1	1					3									1		

- La "x" nos indica resultado positivo. Ha brotado algún ejemplar.

- "nº ejemplares" indica las setas que han brotado incluyendo las que lo han hecho a cierta distancia del punto de inoculación.

PORCENTAJE DE MUESTRAS CON ÉXITO: aprox. 25%

Total SETAS: 9

CONCLUSION: Las lluvias han sido copiosas desde el otoño pasado y se han mantenido durante el inicio de la primavera, no ha sido necesario regar las zonas de muestras. Como era de esperar han brotado algunas setas, aunque en mucha menor cuantía que en el otoño que es cuando se dan los parámetros idóneos para que fructifique este hongo.

C.- PERIODO ACTIVO PARA LAS PRIMERAS INOCULACIONES DE SEPTIEMBRE A NOVIEMBRE DEL 2013.

BROTACIONES A ULTIMOS DE AGOSTO/2013.

*Fvg.- (30/08/2013). Zona de muestras **M-14** a últimos de agosto, 5 puntos. En esta zona ya han brotado setas en otoño/2012 y en mayo/2012. Se confirma el asentamiento de las inoculaciones realizadas y su desplazamiento y colonización en busca de nuevas raíces.*

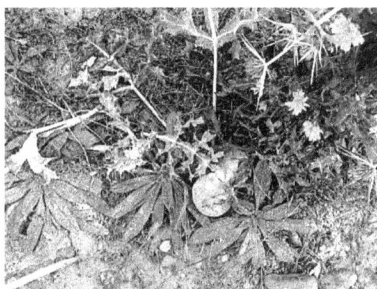

*Fvg.- (30/08/2013). Excelente grupo de setas en zona de muestras **M-13**. La inoculación se realizó en julio/2012 y estos brotes son de finales de agosto/2013. Se realizó una sola inoculación y han brotado en dos puntos distantes unos 80 cm. Se ha observado un crecimiento progresivo de los ejemplares que aproximadamente ha sido de unas 6 a 7 veces su tamaño inicial en la fecha de la primera observación. Peso aprox. de los ejemplares una vez recolectados: 150 gr.*

Nota: Se ha regado s a mediados de agosto. Es una zona que mantiene bien la humedad, lo que puede explicarnos su precocidad.

*Fvg.- (07/09/2013). Grupo de setas en las zona **M-13** y **M-14**. Después de una semana en la que se observa que su tamaño ha aumentado considerablemente. Peso aproximado en 4 m2 de superficie acotada: 350 gramos.*

Fvg.- (7/9/2013). *Ejemplares en la zona de muestras* **M-4**. *Esta zona ya ofreció excelentes resultados en el otoño/2012 y la primavera/2013.*

Fvg.- (7/9/2013). *Panorámica de los cuatro puntos en los que han brotado en la zona* **M-4**

Fvg.- (16/09/2013). *Seta de pequeño tamaño en la zona de muestras* **M-10**.

Fvg.- (6/9/2013). *Algunos botones y sueltos en la zona* **M-12**.

Fvg.- (16/09/2013). Seta en la zona de muestras M-5. Buen tamaño. Ya brotó un ejemplar en octubre/2012.

Fvg.- (16/09/2013). En la zona de muestras M-7. A una distancia aprox. de 30 cm de las que brotaron en mayo.

Fvg.- (22/9/2013). Primordios de menos de 1 mm en la zona de muestras M-20. No llegaron a producir setas para recolectar debido al gran número y densidad. El cardo invadido era de muy pequeño porte.

Se aprecian estas agrupaciones en tres puntos diferentes y separados unos 30 a 40 cm. En esta zona no brotó NADA el año anterior.

SEGUIMIENTO A FECHA 22/09/2013 (final del verano).

- M-13: Brotan en 2 puntos distantes unos 90 cm. En uno un "rosetón de varias setas". Tamaño GRANDE.
  En total 6 setas. Se dejaron más de 10 días, tenían gusano y bastante secas.
- M-14: Excelentes resultados. Ya se recogieron 5 ejemplares a finales de agosto/2013. Han salido en otros 3 puntos nuevos. Se vuelven a recolectar otros 5 ejemplares. Se habían dejado algunas para observar el crecimiento. A partir del 4º o 5º día ya no evolucionan. Las que se dejaron más de 7 días ya estaban bastante secas y con "gusano".

- M-12: Crecimiento de 2 puntos. Se recolectan 3 setas de pequeño tamaño. Se dejaron unos 10 días. No evolucionaron mucho.
- M-9: Brotan en 2 puntos. Se recolectan 2 ejemplares de muy buen tamaño. Se deja uno.
- M-10: Brotes en 4 puntos. Tamaño mediano. Se recolectan frescas al 2º o 3º día.
- M-11: Brotes en 4 puntos. Se dejan 5 botones para observar su crecimiento. Se recolecta 1 ejemplar que se dejó más de 7 días, estaba bastante seco y con "gusanos".
- M-4: Excelentes resultados. Más de 8 puntos distintos. Se recogen 6 setas, 3 de buen tamaño. Otras 3 se dejaron bastantes días y estaban bastante secas.
- M-5: Brote en 1 punto. 1 ejemplar de gran tamaño.
- M-7: Brote en 1 punto. Se recolectan 5 setas frescas dos de ellas de tamaño "grande".
- M-8: Brotes en 2 puntos. Son botones. Se dejan para observación de crecimiento.
- RESULTADOS: Se pesan los ejemplares recolectados en esta oleada obteniendo aproximadamente 600 gr.

SEGUIMIENTO A FECHA 2/10/2013

SEGUIMIENTO EN ESE DÍA:

ZONA DE MUESTRAS M-11.- 2 de octubre, una seta mediana.
ZONA DE GREDA M-10.- 2 de octubre. En 7 puntos. Aprox. 14 setas. 6 bastante grandes. Formaban algo similar a un "corro de brujas". Ya se han recogido alguna más.
ZONA DE MUESTRAS M-12.- 2 de octubre. Se recolecta una seta bastante grande. Siguen brotando botones en distintos puntos.
ZONA DE GREDA M-13.- 2 de octubre. 2 setas en un punto. Hay otros puntos con botones. Las setas recogidas son medianas.

PESO APROXIMADO 300 GRAMOS.

(2/10/2013) corro formado de inoculaciones en el punto A en julio/2012

OBSERVACIONES EN LAS ZONAS DEL HUERTO:

M-19- No ha brotado ninguna.
M-20.- Tres puntos con botones incipientes.
M-21.- Una seta grande. Previamente el día anterior se había tapado con plástico negro y se ha observado bastante crecimiento. En la misma cepa hay algún botón. Ver si evolucionan.
M-22.- Empieza a brotar. Botones. Se protege con plástico
Día 6 de octubre. En M-19 ha brotado una seta.
Se recogen las de la M-2 , 5 pequeñas en 3 puntos y M22, 4 pequeñas concentradas.

RESULTADOS LOS DÍAS 6 Y 7 DE OCTUBRE

En las zonas de muestras del verano pasado.
M-4.- 7 setas en cuatro puntos repartidos por la zona marcada. Extensión de la zona aprox. 2 m2
M-5.- 7 setas medianas de 5 puntos distintos dentro de la zona marcada. Ext. aprox. 2 m2.
M-7.- 3 setas, dos de ellas grandes. En dos puntos dentro de la zona. Ext. aprox. 2 m2.
M-8.- 5 pequeñas en un punto. Ext. aprox. 2 m2.
M-14.-9 setas medianas en 6 puntos. Ext. aprox. 1,5 m2.
M-13.- 5 setas medianas en tres puntos dentro de la zona. Ext. aprox. 1m2.
M-12.- 7 setas medianas en 5 puntos dentro de la zona. Ext. aprox. 1 m2.
M-9.- 3 setas en un punto. (2 medianas, 1 grande y 1 botón). Se las dejó en el terreno más de una semana y ya tenían "gusanos". Ext. aprox. 2 m2.

M-10.- *8 setas en 4 puntos dentro de la zona (1 grande, 2 medianas, resto pequeñas).*
M-11.-*En esta zona no se recolecta. Hay nuevos botones.*

Fvg- *6/10/2013.- En la zona* **M-6**. *Había otros tres puntos separados pocos centímetros. Esta zona corresponde a las inoculaciones de Julio/2012 y no dio resultados positivos. No se regó durante el 2013.*

NUEVAS BROTACIONES DEL 15 AL 20/10/2013

Fvg.- *(15/10/2013). En la zona* **M-0**. *Corresponde a inoculaciones de Julio/2013. No se ha regado y no se vieron setas en la temporada pasada.*

Fvg.- *(15/10/2013). En la zona* **M-15**. *Corresponde a inoculaciones de Julio/2013. Esta zona no se ha regado y no se vieron brotes en la temporada pasada.*

*Fvg.- (15/10/2013). En la zona **M-6**. Corresponde a inoculaciones de Julio/2013. Esta zona no se ha regado y no se vieron brotaciones en la temporada pasada.*

*Fvg.- (20/10/2013). En el camino zona **M-17**. La inoculación se realizó en Julio/2012 y no se ha regado. Es una zona de tránsito continuo de maquinaria.*

*Fvg.- (20/10/2013). Excelentes ejemplares en la zona **M-0***

*Fvg.- (20/10/2013). Grupo de setas en la zona **M-0**. Distancia desde el punto inicial entre 60 y 90 cm.*

Fvg.- (20/10/2013) En la zona de muestras M-15.Separación entre setas de aprox. 30 cm. Están brotando nuevos ejemplares a más de 1 metro del punto inicial.

ANOTACIONES EL DIA 26/10/2013

RECOGIDA DE SETAS DE LAS ZONAS INCOCULADAS EN JULIO DE 2012.-

330 GRAMOS (a esto habrá que añadir aprox. otros 200 gramos de setas que se han dejado de la zona M-0 y M-15. Son ejemplares de muy buen tamaño y se dejan en el terreno hasta el final de su ciclo.

Observaciones: De todas las setas recolectadas aproximadamente ¼ estaban agusanadas. Se han desechado muchas.

Los setales en los que se han recolectado durante este mes parecen estar AGOTADOS. Brotan muchas menos.

ZONAS INOCULADAS EN JULIO/2012

M: 1,2 y 3. Sigue sin producir.

M-4.- 3 setas en dos puntos. Medianas. Separadas aprox. 1,5 m. Están situadas en los límites de la demarcación.

M-5.- 3 setas. 2 grandes y 1 pequeña. Límites de la demarcación, separadas 1,5 metros entre dos puntos.

M-5.- Nada.

M-7.- 3 puntos. 2 concentrados con 5 setas. 2 de ellas de muy buen tamaño.

M-8.- 2 puntos. Separados aprox. 1,10 metros. 4 setas medianas tirando a grandes.

M-9.- En este momento NADA. Ha brotado una el día 27/10

M-10.- Se recolectan 2 pequeñas que se habían dejado algunos días.

M-11.- 2 juntas. Están a una distancia del punto inicial de aprox. 2 metros.

M-12.- No hay nuevos brotes.

M-13.- No hay nuevos brotes

M-14.- 2 nuevos brotes. Separadas aprox. 1,5 metros, 1 fuera de los límites de la demarcación. Se dejan.

M-15 y M-0.- Puntos no contabilizados el año anterior. Ejemplares en 7 puntos distintos entre las dos zonas. Setas de muy buen tamaño. Unos 200 gramos. Se dejan en el terreno para estudio de su evolución.

M-16.- En este otoño no ha habido brotaciones.

M-17.- Muchos botones aprox. a 1 metro de la brotación inicial.

M-18.- Sigue sin observarse brotación. Esta zona no se ha regado y es zona removida de tierra y paso de maquinaria.

OBSERVACIONES EN EL HUERTO ESE MISMO DÍA:

M-19.- Sin novedad.

M-20.- Dos setas muy pequeñas en el centro.

M-21.- La seta que había brotado está muy agusanada. Se deja en el terreno.

M-22.- Nueva brotación. En estas zonas del huerto no se esperan grandes resultados ya que a la escasez de cardos hay que añadir el pequeño tamaño. Sin embargo, los resultados obtenidos se pueden considerar como muy POSITIVOS. Nos confirma que **"el tamaño no importa"**.

RECOGIDA EL DÍA 3 DE NOVIEMBRE DE 2013:

Zona de muestras de julio de 2012: aprox. 250 gr.

En ambos casos las setas estaban bastante secas muy poco hidratadas.

No se ha dejado ningún botón o seta pequeña. En la zona de muestras del verano pasado sigue brotando alguna.

RECOGIDA EL DÍA 5 DE NOVIEMBRE DE 2013

Recogida de las zonas de muestras de julio 2012: aprox. 200 gramos.

Ya en estas fechas no hay muchas brotaciones. Aunque la climatología ha acompañado parece ser que se ha agotado el ciclo.

EL PESO APROXIMADO ES DE UNOS 300 GRAMOS A LA BAJA.

MUESTRAS	1	2	3	4	5	6	7	8	9	10	11	12	13	14	15	16	17	18	19	20	21	22
RESULTADO			x	x	x	x	x	x	x	x	x	x	x	x		x	x		x	x	x	x
Nº EJEMPLARES			13	8		4	5	5		3	14	1	13	12		9	6		11	1	1	5

- La "x" nos indica resultado positivo. Ha brotado algún ejemplar.

- "nº ejemplares" indica las setas que han brotado incluyendo las que lo han hecho a cierta distancia del punto de inoculación.

PORCENTAJE DE MUESTRAS CON ÉXITO: aprox. 82%
Total SETAS: 116

PESO APROXIMADO DE SETAS RECOLECTADAS: 1,450 Kg.

CONCLUSION: Los resultados que arroja este periodo son muy positivos. De las 22 muestras solo ha habido tres que no han producido, la 1,2,3 y 16. La 3 y la 16 dieron en periodos anteriores. El motivo por el que no lo hayan hecho puede ser debido a que no hemos tenido lluvias desde finales de octubre y a esto hay que añadir que durante todo este final del otoño las heladas han sido numerosas y durante bastantes días seguidos con lo que la temporada de recolección este año se ha visto acortada considerablemente.

La zonas 1 y 2 son las que no han producido NADA desde que se practicaron las inoculaciones a mediados del mes de julio del 2012. El porcentaje de inoculaciones que han producido setas y por tanto exitosas estaría por encima del 90%.

Con los resultados que se están obteniendo podemos pensar que se han consolidado setales en todas las zonas y que seguirán produciendo setas en tanto existan cardos a los que poder desplazarse el micelio.

Simultáneamente al seguimiento y obtención de datos en lo referente a las setas que producen, se complementará con el estudio y conteo de los cardos que estén asentados dentro de las demarcaciones.

El número de cardos disminuirá a medida que el micelio vaya invadiendo sus raíces.

En esos lugares intentaremos forzar la regeneración de cardos mediante siembra que se realizará con la diseminación de semillas en los "claros" que se vayan produciendo.

II.- INOCULACIONES EN AGOSTO/2013

Continuando con los trabajos realizados el año anterior, este año seleccionamos nuevas zonas para realizar nuevas inoculaciones.

1.- SITUACION DE LOS PARTERRE.

Se han seleccionado atendiendo a la mayor densidad de cardos en crecimiento y a que no han brotado setas ningún año. También a la posibilidad de concentración de los riegos en caso de que las precipitaciones sean insuficientes.

2.- DESCRIPCION DE LOS TRABAJOS.

Se realizarán inoculaciones en 5 zonas en las que no han brotado setas NUNCA. Se delimita la superficie de cada una de ellas y se marcan los cardos inoculados.

El inóculo es de micelio adquirido a la misma empresa suministradora a la que se compró la pasada temporada. La cantidad de micelio es de 2 litros repartidos entre las zonas.

Fvg.-"Blanco de hongo" utilizado para las inoculaciones

Las zonas se han seleccionado atendiendo a dos criterios: que no hubieran crecido setas otros años y que la densidad de cardos sea considerable. La media es de 6 o 7 cardos/m2 .

El inóculo se injertará en cardos de diversos tamaños clasificándolos en pequeños, medianos y grandes dependiendo del grosor de la raíz.

A.- Zona rectangular de aprox. 12x 6,30 m. Se divide en 12 particiones. Cada partición es aprox. de unos 6 m2 y en cada una de ellas se inocularán 2 cardos (total 24).
B.- Zona rectangular de aprox. 3x2 m. Se inoculan 6 cardos.
C.- Zona rectangular de aprox. 4x 2,5 m. Se inoculan 5 cardos.
D1.- Zona de aprox. 3x 2,5 m. Se inoculan 6 cardos.
D2.- Zona de aprox. 2,5x2 m. Se inoculan 3 cardos.
E.- Zona de aprox. 2x 1,5. Se inoculan 4 cardos.

Todas están situadas en terrenos de similares características organolépticas en las que nunca se han recolectado setas. Los cardos son abundantes y de tamaño considerable en relación a los que se pueden apreciar en terrenos colindantes. La densidad de cardos inoculado en relación a la superficie de los parterres es elevada. Esta no será la relación que se utilizaría en el caso de inoculaciones masivas de grandes superficies. Estimamos que una buena relación es 1:20; es decir una inoculación por cada 20 metros cuadrados de superficie.

ZONAS DE MUESTRAS	A	B	C	D1	D2	E
Superficie	75,6 m2	6 m2	10 m2	7 m2	5 m2	3 m2
Nº cardos/total	328	33	40	40	29	30
Cardos/m2	Aprox.5	5 a 6	4 a 5	5 a 6	6	9 a 10
Car./inoculados	24	6	5	6	3	4
Fecha inoculación	15/8	17/8	15/8	15/8	15/8	17/8

INOCULACIONES EN LA ZONA "A"

Fvg.- *Señalización de cuadrantes de la zona "A"*

DESCRIPCION ZONA DE MUESTRAS "A"

Particiones	1	2	3	4	5	6	7	8	9	10	11	12
Súper. m2	6	6	6	6	6	6	6	6	6	6	6	6
Nº Cardos	18	37	41	24	17	29	33	30	26	16	25	22

La superficie seleccionada forma un rectángulo dividido en 12 particiones. La superficie es aproximadamente de 78 m2.

En cada partición se ha inoculado en dos puntos separados una cierta distancia.

El total de inoculaciones ha sido de 24. La llamaremos parcela "A" y las particiones con los números del 1 al 24.

Para las 24 inoculaciones se ha utilizado 1 litro de micelio.

El punto exacto de inoculación se ha señalizado con estilete "rojo".

Nota: *En condiciones normales podemos utilizar 1 litro para inocular 40 puntos.*

3.-PROCESO DE INCOCULACION.-

Se han procesado mediados de agosto/2013.

Se descubre parte de la raíz de los cardos seleccionados a una profundidad entre 7 y 10 cm. Se deposita el micelio, aprox. 25 ml. por punto que corresponde a uno o varios cardos muy cercanos unos de otros. Se pone en contacto el micelio con la raíz que previamente hemos descubierto en aprox. 10 cm.

Al descubrir la raíz se practica una pequeña **incisión** ya que se ha comprobado que de esta manera el micelio encuentra mayor facilidad para invadirla. Lo hará a través de la herida que hemos practicado.

Las plantas inoculadas están al final de su ciclo vegetativo anual. En esta fecha todavía permanecen en el suelo (el año ha sido especialmente húmedo y los cardos han alargado su ciclo más de lo que es habitual).

En algunas de las raíces descubiertas, a la profundidad de inoculación, se hace una pequeña herida con "navaja". Como ya comentamos esta pequeña incisión facilita la colonización del hongo.

Una vez inoculados se deposita la tierra extraída y se riegan. Se marcan para su identificación y seguimiento.

Los riegos se realizaran cada 10 o 15 días en todas las particiones para mantener las zonas con el suficiente grado de humedad. Dependerá de las precipitaciones que se produzcan, pudiendo variar tanto el volumen como el intervalo entre riegos. La cantidad será aproximadamente de entre 15 y 20 litros/m2 en cada riego. No olvidemos que es verano y en estas fechas las precipitaciones son muy escasas.

De cada partición o sub-parcela se realizará un croquis en el que se señalarán todos los cardos existentes en su demarcación (inoculados y No).
En algunas particiones a la hora de inocular se procede a eliminar la parte aérea de todos los cardos con motivo de comprobar si esta práctica favorece o no el proceso.

Esperamos ver resultados positivos con la fructificación del hongo, aproximadamente entre la primera semana del mes de octubre y mediados de mes noviembre.

Se realiza el mismo proceso seguido para la parcela "A" en el resto de parcelas que queremos inocular. Estas son B,C,D1,D2 y E. El total de puntos de inoculación es también de 24 y se ha utilizado 1 litro de micelio en grano.

4.-CROQUIS DE INOCULACIONES EN TODAS LAS ZONAS:

1. **ZONA A:** *En tierra bastante pedregosa y muy compacta. Color oscuro.2*

aprox. 12 m

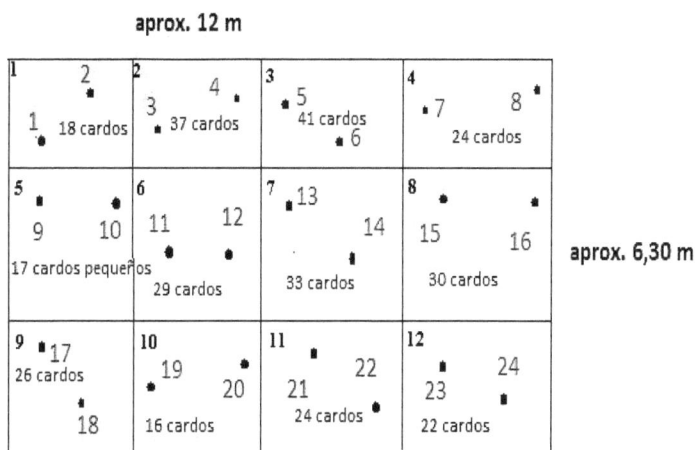

aprox. 6,30 m

- 12 particiones
- 24 cardos inoculados. 2 por cada partición
- Nº de cardos en cada partición

Tipología de los cardos en los que se realizan las inoculaciones: *REALIZADAS EN LA SUBPARCELA EL 17/08/2013.*

A1.- 1 cardo mediano

A2.- 1 cardo pequeño

A3.- 3 cardos medianos

A4.- 3 cardos pequeños

A5.- 3 cardos medianos

A6.- cardo múltiples(5) peq.

A7.- 1 cardo mediano

A8.- 2 cardos pequeños

A9.- 1 cardo grande

A10.-1 cardo mediano

A11.- 2 cardos medianos

A12.-3 cardos medianos

A13.-cardo múltiple grande

A14.- cardo múltiple grande

A15.-2 cardos pequeños

A16.-cardo múltiple grande

A17.- 2 cardos grandes

A18.-2 cardos grandes

A19.- 2 cardos juntos grades

A20.- 2 cardos medianos

A21.- 2 cardos medianos

A22.-cardo múltiple peq.

A23.-3 cardos grandes

A24.- cardo múltiple med.

Fvg.- Los cardos están verdes en su parte aérea. Están llegando al final de su ciclo. Las semillas están fuertemente agarradas y les queda tiempo para que se desprendan. El claro que se observa es debido a que en las zonas inoculadas se han retirado, se desea comprobar si esto afecta la fructificación del hongo.

2. ZONA B: (tierra negra fértil)

aprox. 3 m

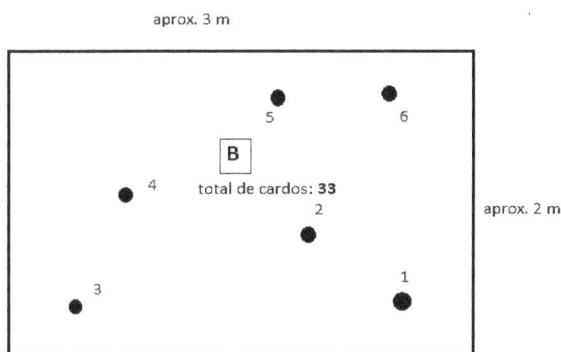

B
total de cardos: **33**

aprox. 2 m

B-1 un cardo mediano   B-4 cardo triple grande
B-2 uno pequeño   B-5 cardo grande
B-3 un cardo grande   B-6 cardo triple pequeño

Inóculo

Sustrato inicial invadido por el hongo e inoculación de un cardo múltiple. El paso siguiente es realizar la cobertura utilizando la misma tierra que se ha extraído.

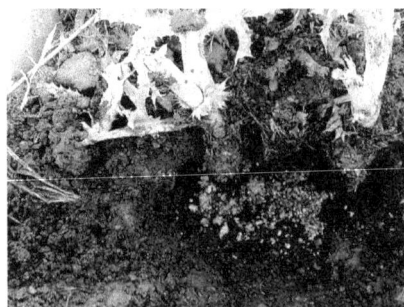

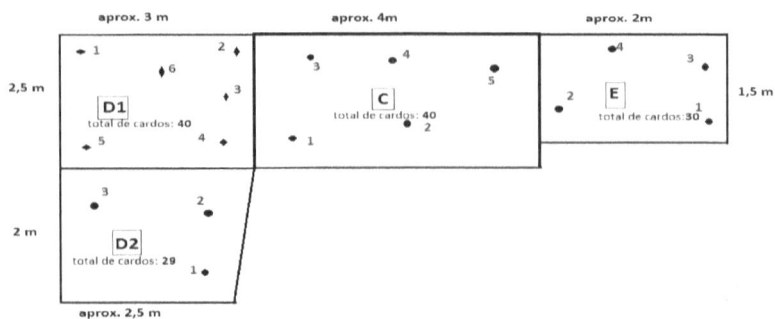

3. Zonas:C,D1-D2 Y E (tierra suelta limo-arcillosa)

C-1 un cardo grande
C-2 cinco juntos grandes
C-3 dos grandes
C-4 uno grande
C-5 uno mediano

E-1 cinco juntos grandes
E-2 dos juntos grandes
E-3 dos juntos medianos
E-4 cinco juntos grandes

D1-1 dos juntos medianos
D1-2 tres separados medianos
D1-3 dos sep. grandes
D1-4 tres sep. medianos
D1-5 dos juntos medianos
D1-6 dos separados grandes

D2-1 dos sep. múltiples med
D2-2 dos juntos grandes
D2-3 dos sep. medianos

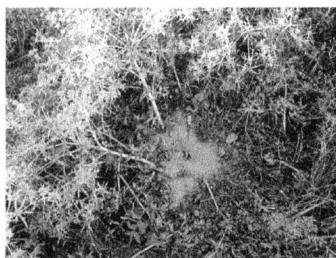

COMIENZAN A BROTAR EN LAS ZONAS INOCULADAS EN AGOSTO/2013.-

Empiezan a verse setas en la zona A (5/9/2013).
Corresponden a las inoculaciones del 15 de agosto/2013. Se ha regado cada semana hasta la tercera semana de septiembre en que comienzan las primeras precipitaciones, ya no son necesarios los riegos estivales.
Se empiezan a ver pequeños ejemplares en la zona A y en un punto de la zona C.

PARCELA A (24 puntos de inoculación):
Punto A2, brotan 4
Punto A4, brotan 2
Punto A13, brotan 4 medianas.
Punto A5, brota 1
Punto A6, brotan 2
En la sub-parcela C ha brotado en un punto.
9/10/2013.- En la parcela A ya son siete puntos en los que se recolectan setas. En la parcela C son 4.
14/10/2013.- En La parcela A pocos días de la última observación ya son 11 puntos.
En la zona B un brote.
En la zona D1 ha brotado en un punto. Arriba a la izquierda.

RECOLECCION EL 13/10/2013.

En las zonas de agosto de este año siguen brotando muy lentamente. En las zonas inoculadas el año pasado (Julio) no se observan nuevas oleadas en este momento, se espera que broten nuevos ejemplares si cae alguna precipitación.
Recolección 200 gramos 15/10/2013

19/10/2013.- EVOLUCIÓN DE BROTACIONES EN LAS ZONAS DE INOCULACION REALIZADAS EN AGOSTO/2013

En la zona A han brotado en 19 puntos de los 24 que se inocularon. En el resto de zonas también están brotando. Estas zonas no se han regado a partir de las precipitaciones que ha habido a primeros de me; sin embargo, es el momento de que lloviera algo. Se ha procedido a regar estas zonas.
Las setas que han brotado en estos puntos tienen una consistencia bastante débil y no se han recolectado. Han brotado exactamente en los cardos inoculados. Debido al poco tiempo transcurrido no ha dado tiempo a que se propaguen a otras raíces. Esto ocurrirá en la primavera y con mayor intensidad en el otoño próximo. Se han dejado en el terreno.

Fvg.- (15/10/2013). Ejemplares en la zona E. Inoculaciones en agosto/2013

RESULTADOS AL FINAL DEL PRIMER PERIODO EN TODAS LAS ZONAS.

Los resultados son tomados a finales de octubre. Durante el mes de noviembre las condiciones climatológicas han sido muy desfavorables produciendo que no se vean nuevos ejemplares ya que a la falta de precipitaciones hay que añadir que ha habido muchos días con temperaturas muy bajas. Las heladas han sido continuas llegando a tener incluso días seguidos en los que las temperaturas han caído por debajo de los seis grados.

Zona	N° inoc.	N° con éxito	% éxito	N° de setas
A	24	19	79	36
B	6	5	83	7
C	5	4	80	8
D1	6	4	67	6
D2	3	2	66	3
E	4	3	75	5

Total inoculaciones: 48. Total resultado positivo: 37

% global: 77%. Ejemplares recolectados: 65

Peso aproximado: 700 gramos, (en general los ejemplares han sido de un tamaño y peso por debajo de lo normal).

Fvg.- Excelente ejemplar de más de 15 cm. en el punto M-6. Sucesivas brotaciones y considerable desplazamiento del micelio desde el punto inicial.

A TENER EN CUENTA: *En julio/2013 se marcaron 7 puntos en los que había cardos que se estaban secando antes de llegar al final de su ciclo anual. Se sospechaba que era debido a que habían sido invadidos por el hongo y que con las condiciones adecuadas de humedad brotarían setas.*

Efectivamente, en todos ha brotado seta justo en el lugar exacto en el que se señalizó. En esos puntos las setas que brotaron no correspondían a ninguna de las zonas que se habían inoculado. En esa zona de la parcela se han recolectado ejemplares en todas las campañas.

Esto hay que tenerlo en cuenta ya que nos ayudará a saber con antelación los lugares exactos en los que, cuando se den las condiciones adecuadas, brotarán setas. También puede ayudar a reconocer nuevos setales mucho antes de que empiecen a brotar.

Fvg.- (6/10/2013).- Ejemplar de raíz marcado en julio. El cardo mostraba signos muy avanzados de terminación de su ciclo vegetativo, se estaba secando su parte aérea de forma prematura. El seguimiento periódico de su evolución ha dado como resultado, la brotación de estos ejemplares de la imagen tal como se pensaba que ocurriría. Lo mismo ha sucedió en otros 7 puntos, siendo el resultado del 100% de setas nacidas.

Otra cuestión interesante a considerar es que las setas que crecen entre la maleza alta y espesa desarrollan un "pie" muy alargado y desproporcionado. Esto es debido a que buscan luz y aireación. El sombrero es convexo.

En estos hábitats el porcentaje de humedad es mucho más elevado que en las zonas donde la espesura es menor y el desarrollo de otras plantas no ha alcanzado altura, los setales son más consistentes con el píe más corto.

Esta circunstancia hace que las setas aguanten mucho menor tiempo sanas, son invadidas por parásitos o atacadas por enfermedades de forma casi inmediata por el exceso de humedad del entorno.

Un ejemplo de lo que estamos diciendo lo tenemos en las cunetas, al lado de caminos o de carreteras. En alguna ocasión hemos recolectado ejemplares de un buen tamaño pero de una consistencia más débil, incluso grupos de setas que enseguida han sido atacadas por las larvas de algún díptero.

Fvg.- (20/10/2013). Ejemplar recolectado en una zona de hierba alta. El pie de la seta tiene una longitud mayor de lo habitual buscando salir a la superficie.

Llegados a este punto, para aquellos que les haya picado el "gusanillo" de intentar inocular algún cardo, muestro algunas imágenes de lugares idóneos para hacerlo. Sería deseable que   los podáis controlar, me refiero a que podáis hacer un seguimiento del proceso, para ello deberemos marcar esos puntos, al menos en un principio. Se puede disimular el punto exacto en el que lo hacemos simplemente colocando al lado alguna pequeña marca, nos puede servir poner una o dos piedras al lado. Lo ideal es que se haga en terrenos que sean de nuestra propiedad.

Para los que dispongan de esos terrenos podéis hacerlo en cualquier lugar procurando que no os vean hacer esas labores. Lo haremos en lugares en los que no han brotado nunca y que por tal motivo la gente no le dará por ir a buscar las setas allí, al menos durante algún tiempo. Todos sabemos que cuando vamos al campo y vemos a alguien que se agacha es que hay setas. Si no nos importa que nos vean y que otros se aprovechen y recolecten setas de esos lugares, nos queda la gran satisfacción de saber que ha sido gracias a nosotros y que además estamos contribuyendo a que esta seta no se pierda.

Fvg.- Ejemplos de algunos lugares en los que la densidad de cardos es significativa siendo idóneos para realizar las inoculaciones.

ASÍ VEREMOS LOS CARDOS QUE ESTÁN SIENDO COLONIZADOS POR NUESTRO HONGO (29/06/2014).

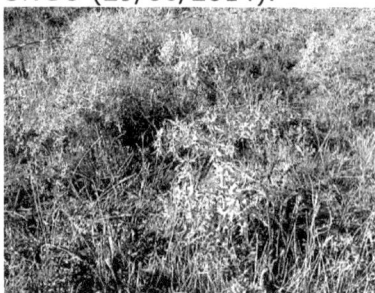

Fvg.- (08/07/2014). Cardo invadido por el hongo rodeado de otros completamente sanos. Se observa la "estaquilla de marcaje" en la que se practicó inoculación el verano pasado. Es probable que de ese cardo y de algunos cercanos brote alguna seta en los meses de agosto y septiembre si tenemos algunas precipitaciones.

La explicación de este fenómeno singular es que uno de ellos ha sido completamente invadido por nuestro hongo y ha llegado a **"matarlo".** Es previsible que en otoño pueda brotar alguna seta de su raíz. Tiene su importancia ya que nos servirá como indicador para saber en qué lugares exactos van a brotar setas en cuanto las condiciones climáticas sean las adecuadas.

Otro fenómeno que tiene una VITAL IMPORTANCIA del que se derivan cuestiones de relieve a tener en cuenta en nuestro estudio, es la visualización de corros (o círculos) más o menos extensos en los que no hay ningún cardo y; sin embargo, en los alrededores podemos apreciar que sí los hay.

Este fenómeno tiene su explicación y no es otra que nuestro hongo ha COLONIZADO esa zona y no ha dejado que broten. Los ha matado y el micelio se está alimentando de sus raíces. El micelio seguirá avanzando y hará lo mismo con los que se vaya encontrando a su paso. No sabemos aún con la rapidez que se produce este proceso, será gradual y dependerá de las condiciones climatológicas que se produzcan y si éstas son favorable o NO.

Este sería otro indicador que nos va a señalar en qué lugares ha habido setas. En esas calvas brotarán setas y no sabemos si en esos corros volverán a SALIR CARDOS; es decir, si a corto o medio plazo de la parte de raíz que no haya sido invadida por el hongo brotará un nuevo ejemplar. Pero es que aún hay más, no sabemos, aunque fuera forzando el proceso, si en esos terrenos por el hecho de estar en el sustrato el micelio del hongo, volverán a nacer nuevos cardos de la germinación de SEMILLAS.

La NO REGENERACIÓN de nuevas plantas explicaría lo que denominaremos **"AGOTAMIENTO DE LOS SETALES"**. La investigación de este fenómeno forma parte de los trabajos que se están realizando, estamos FORZANDO la germinación de nuevas plantas en estos lugares.

Es importantísimo este aspecto ya que dependiendo de los resultados que se obtengan las líneas a seguir para regenerar nuevas plantas serán diversas.

RESULTADOS EN TODAS LAS ZONAS.

CONCLUSIONES (A FECHA 12/2014)

1.- PRIMERAS INOCULACIONES JULIO/2012

Éxito en el 90% de los cardos inoculados. Avance considerable del micelio colonizando todos los que había en las zonas señalizadas.

Desde la fecha de inicio hasta la fecha de referencia (2 años) se han recolectado setas tanto en primavera como en el otoño.

Durante el primer año se practicaron riegos durante los meses de julio-agosto consiguiendo un adelanto en las brotaciones de aproximadamente 30 días. Este es un aspecto A TENER MUY EN CUENTA por la importancia que tiene que recolectemos setas antes de que empiecen a brotar en el otoño, mucho antes de que broten en las condiciones habituales en su hábitat.

La superficie que inicialmente se delimitó para 22 inoculaciones es de entre 45 y 50 m2.

El número de cardos que se contabilizaron es de 150 aproximadamente.

Nota: Este número es escaso. Más que la densidad se tuvo en cuenta el monitorizar el desplazamiento del micelio para estas primeras inoculaciones.

Actualmente (es el 2014) las setas que se recolectan en esas zonas están fuera de la demarcación inicial colonizando otros espacios en los que va encontrando raíces de cardos. El avance es constante pero no a grandes distancias.

Para que estos "setales" no se agoten por la falta de cardos se están regenerando con la siembra de nuevas plantas. Las semillas son de cardos recogidos en otros lugares. Por la importancia que esto tiene se realiza seguimiento y control de la evolución de las zonas sembradas. Insistimos en la importancia que tiene ya que el micelio de este hongo está en el suelo y queremos comprobar si deja que broten nuevos Eryngium campestre. La tesis sobre la que trabajamos es que SI aunque no sin algunos contratiempos que deberemos sortear ya que en principio puede que el micelio que está bajo el suelo impidiera o dificultara la nacencia de nuevas plantas. Es un trabajo que requiere de un tiempo y veremos cómo se va desarrollando.
El peso de las setas recolectadas en esas 22 zonas inoculadas ha sido aproximadamente a **2,500 kg.**

Teniendo en cuenta que el número de cardos por metro cuadrado en estas zonas era escaso consideramos que los resultados han sido muy satisfactorios y que los setales siguen **desplazándose** ocupando nuevos asentamientos.

2.-INOCULACIONES AGOSTO 2013

Las zonas inoculadas en este periodo se marcaron como: *A,B,C,D1,D2 y E.*
La superficie en total es de 120 metros cuadrados.

El nº de cardos inoculados es de 48. Corresponde aproximadamente a 1 inoculación por cada 3 metros cuadrados. La relación es de 3 a 1.

Si se quieren hacer inoculaciones en masa la relación debe de ser entorno de 20 a 1. Es decir, 1 por cada 20 metros cuadrados de superficie aproximadamente.

Nº de cardos visibles en todas las zonas en la fecha de las inoculaciones: 489. Peso de las setas recolectadas: **4,150 Kg.** En dos periodos (años) han sido colonizados 320 cardos que han producido setas. Se espera que en el tercer año los brotes estén fuera de los límites marcados aunque sigan brotando algunos ejemplares dentro de las zonas. En ese tercer año estas zonas se habrán agotado al no haber plantas. Se regenerarán con la incorporación de nuevas semillas.

Se ha conseguido un adelanto de las brotaciones de más de un mes. Esto ha sido debido al aporte hídrico suministrado durante los meses de agosto y septiembre. Hemos de recordar que estas inoculaciones se realizaron a mediados de agosto y que han producido setas a finales de septiembre.

En adelante el aporte hídrico se empezará en julio, con dos riegos en ese mes y otros dos en agosto. El propósito es conseguir producciones a finales de agosto y principios de septiembre. Esto ya se logró con las inoculaciones que se practicaron el año anterior.

Este adelanto tiene otra consecuencia **MUY IMPORTANTE Y POSITIVA** y es que en esas fechas las setas que producimos están libres de parásitos, en especial de los que producen galerías en los pies y carpóforos y dejan las setas "agusanadas". Esos parásitos (larvas) no están tan activos en esas fechas ya que el grado de humedad en el ambiente no es excesivo, son verdaderamente letales y su mayor virulencia se suele producir ya avanzado el otoño, a finales del mes de octubre y noviembre.

El ciclo de producción ha durado dos meses (septiembre-octubre), todavía no habían empezado a brotar setas por la comarca. En síntesis la conclusión ha sido que hemos tenido setas cuando aún no había empezado a recolectarse en condiciones normales y esto ha sido como consecuencia de la aportación de esos riegos en verano.

En noviembre se han conseguido algunos ejemplares pero ya de forma aislada y con síntomas muy visibles de estar "agusanados". No se ha conseguido una nueva "oleada" ya que el micelio necesita aproximadamente de unos 45 días para volver a dar como resultado nuevas fructificaciones (setas) y aun estando activo no le ha dado tiempo ya que las temperaturas en esas fechas han descendido tanto que no le han permitido completar el ciclo.

En primavera (2014) sin aportación de agua brotaron nuevamente, como era de esperar en menor cuantía. Se estimó que una cuarta parte que en otoño.

3.-INOCULACIONES AGOSTO 2014

Con la compra de 2 litro de micelio se inoculó en 90 plantas. Estas inoculaciones no se realizaron en la parcela que utilizamos para nuestros trabajos. Se han repartido en nuevas zonas muy separadas unas de otras y en distintos parterres.

Con un intervalo de unos quince días, se procedió a inocular en otras 200 plantas pero en esta ocasión con micelio preparado por nosotros. Se utilizaron 2 litros y el aporte de micelio por planta fue menor, aproximadamente la mitad de lo utilizado hasta ahora (entre 10 y 12 ml). Se quiere comprobar si con un aporte menor el porcentaje de inoculaciones con resultado positivo es el mismo que el que se ha conseguido aportando 25 ml. por planta.

En otro apartado de esta publicación se describen los procesos que se están llevando a cabo con la finalidad de obtener nuestro propio micelio. Los resultados hasta la fecha no son concluyentes ya que requiere que transcurra un tiempo.

Una vez inoculados los cardos y enterrado el micelio, se regó ligeramente para mantener hidratada la zona. El aporte hídrico inicial es muy importante y no debe de faltar, es el único riego que se suministrará, se las dejará que evolucionen sin más aportaciones. Hemos de recordar que en la parcela en la que hemos iniciado todos los trabajos el suministro de agua es esencial en verano para conseguir buenas cosechas y adelantar las brotaciones. Las setas que se recolecten fruto de estas últimas inoculaciones lo harán en las mismas condiciones que lo hacen cuando la climatología les es favorable.

Todas las plantas se inocularon desde mediados de julio a mediados de agosto. Se esperan los primeros resultados a finales del mes de septiembre. No serán muchos los puntos que fructifiquen en este primer otoño, en la primavera, si las condiciones son favorables, el micelio se habrá desplazado y se podrán ver ejemplares a cierta distancia del punto inicial.

Sabemos que el micelio de este hongo es muy "agresivo" y si encuentra las condiciones adecuadas coloniza la raíz del cardo con relativa facilidad.

Para el otoño siguiente los setales estarán consolidados y esperamos que los nuevos brotes sean abundantes.

¡PACIENCIA! Esperaremos, pero MIENTRAS TANTO……

<Mirad que platos nos preparamos>. ¿No os da algo de ENVIDIA SANA…?

Os pido disculpas, pero he querido dejar la seriedad un poco aparte……. Son setas "nuestras", fruto de las inoculaciones que hemos realizado.

BLOQUE VII

SOBRE LA SIEMBRA DEL ERYNGIUM CAMPESTRE

El "cardo corredor" -Eryngium campestre- es una planta PERENNE y VIVAZ, brota año tras año de su raíz tuberosa (no sabemos durante cuantos). Es una planta que no es muy exigente en cuanto a sus necesidades, ni requiere de excesivos cuidados. La hemos visto crecer en distintos tipos de suelos, algunos muy pobres, terrenos pedregosos y no aprovechables para cultivos tradicionales (maíz, trigo, alfalfa, cebada, girasol, remolacha, etc.). Esta planta se la conoce como "cardo corredor" y se la ve erguida por los márgenes de caminos, eriales y cunetas al lado de la carretera, etc.

Teniendo muy presente que nuestro objetivo es conseguir la propagación de la seta que se asocia a la raíz de esa planta, parece obligado que la dediquemos un apartado especial en nuestro proyecto. Tenemos que lograr que el llamado "cardo corredor" (planta de sustento de nuestra seta) la tengamos disponible, y en las zonas en las que no hay, forzar para que la tengamos. Estamos hablando de cultivarla como si de otra planta de consumo se tratara.

En este bloque nos ocuparemos de la siembra de la planta y del estudio y evolución de su ciclo vegetativo. Comenzaremos con el aprovisionamiento de semillas cuando la parte aérea de la planta está completamente seca. La recogida la haremos allá por el mes de octubre-noviembre fechas en las que empieza a desprenderse fácilmente el tallo de la raíz las semillas están completamente secas y se desprenden fácilmente de la "umbelas" a las que han permanecido adheridas.

Debido a la importancia que tiene para nuestro proyecto que conozcamos en profundidad todo lo concerniente a la planta, es necesario que estudiemos su ciclo vegetativo completo. Pretendemos la propagación del cardo y necesitamos conocer de forma exhaustiva y detallada sus necesidades, en que tipos de suelo se desarrolla mejor, sus enemigos (plagas y enfermedades, etc...).

Durante los meses de septiembre-octubre/2013 se hizo acopio de semillas en la misma parcela en la que comenzamos los trabajos. El proceso fue muy simple y se hizo de forma completamente manual. Ayudados de rastrillos se hicieron pequeños montones procurando, al "rastrillar", que no se desprendieran las semillas. A continuación se llevaron a una zona en la que el suelo estaba hormigonado y se procedió a separar las semillas del resto de vegetación de la planta.

Para desprender las semillas de las inflorescencias a las que estaba adherida se dieron sucesivas pasadas por encima del "montón" con un tractor (hubiera servido cualquier vehículo o utensilio que la friccionar sobre la masa ayude a desprenderse) y mediante cribado se separaron las semillas. Un proceso muy artesanal, pero muy efectivo con el que se consiguió lo que pretendíamos.

Fvg.- (10/2013). Recogida de semillas de cardos listas para procesar.

Fvg.- Cribado y selección. Pasamos por tamiz con distinto diámetro para conseguir un alto grado de limpieza.

Fvg.- (10/2014). Siembra en una de las "calvas" en la parcela. Zona en la que habían brotado setas y ya no teníamos plantas.

Fvg.- (09/2014). Recogida de cardos secos antes de que se desprendan las semillas de las "cabezuelas".

Nota: Corresponde a la campaña de 2014. Se destinaron a siembra masiva a voleo en dos parcelas fuera de la principal (1 Ha.).

semillas de una inflorescencia de un cardo. Aprox. 34 semillas

Se dejaron airear durante unos días para que la semilla secara completamente y se almacenaron en recipientes adecuados para su posterior utilización en los distintos procesos de siembra.

La siembra se lleva a cabo durante el mes de octubre en distintos parterres en la parcela principal y en otras no muy lejanas en las que no estaba asentada esta planta o la densidad era muy escasa. Se siembra en surcos y a voleo con el fin de comprobar la influencia de este parámetro en la germinación y crecimiento de las plantas. En las mismas fechas se realiza siembra en semillero bajo abrigo. Con estas prácticas veremos el porcentaje de germinación con siembra directa al aire libre y siembra bajo control en invernadero para un posterior trasplante al parterre definitivo.

I)   SIEMBRA EN MACETA EN SEMILLERO

En una maceta de las que se utilizan en viveros forestales para la producción de árboles, se siembra en distintos tipos de composición de tierra.

Se ha medido el PH de cada una de esas muestras de tierra (PHmetro). La maceta consta de 44 pequeños huecos individuales de una profundidad de aprox. 20 cm. Se depositaron entre 10 y 15 semillas por hueco. Utilizamos 6 tipos de composición de sustrato recogida. En dos hileras (10 huecos) la semilla se deposita directamente en la superficie sin cubrir. En el resto se cubren las semillas con una pequeña capa de tierra de 0,3 cm. Cada uno de los huecos contiene distintos tipo de sustrato diferenciado por líneas numeradas del M1 al M6 y por cada línea de muestra M se ha realizado siembra en 7 a 8 huecos. Previamente las semillas se han dejado durante 24 horas sumergidas en agua para que hidrataran.

Tipos de tierra utilizados y su PH.

Tierra: arenosa, fértil negra, canto arenosa, greda, grava y arcillosa.

La siembra se ha realizado durante los primeros días del mes de noviembre/2013. Debido a las bajas temperaturas que se han registrado se ha protegido bajo abrigo en una terraza cubierta parcialmente.

Fvg.- (4/11/2013). Plantación de cardos en distintos sustratos bajo abrigo en la terraza. Semillas recogidas a finales de verano y principios de otoño del 2012. Se realizó otra muestra con semillas del mismo año en las que se recogieron.

Fvg.- (14/11/2013). Plántulas a los 10 días de la siembra.

Fvg.- (24/11/2013). A los 20 días de la siembra.

Las distintas coloraciones del sustrato es debido al tipo de tierra: arcillosa, grava, arenosa, fértil, greda pura y mezcla de ellas.

En cada uno de los receptáculos se depositaron entre 6 y 12 semillas y se regaron ligeramente a medida que lo necesitaban.

Fvg.- (22/02/2014). Semillero en la terraza a los tres meses de la siembra. En esta fecha ya se han trasplantado algunas plantas..

Fvg.- *A mediados de mayo*

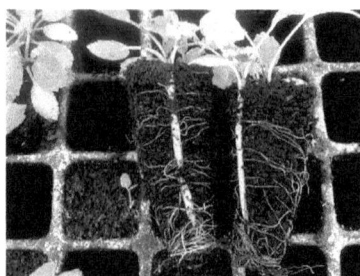

Fvg.- *Vigor de la raíz principal*

Otro intento de propagación de la planta fue mediante "esquejes". Esta forma de reproducción es muy habitual y suelen obtenerse excelentes resultados en otras muchas plantas.

Con esta práctica se consiguen "clones" de la planta de la que hemos preparado los esquejes o estaquillas. Se hace con partes de la planta, pueden ser porciones de los tallos u hojas que llegarán a enraizar, pero también con trozos o porciones de raíces. En nuestro caso, lo hacemos con partes de la raíz tuberosa del cardo. Para ello nos aprovisionamos de raíces de algunos cardos. Seleccionamos unos 15 a 20 cm. de la parte superior en la que se encuentra el "cepellón".

En primavera se introdujeron en macetas colocados verticalmente dejando visible únicamente su parte superior para comprobar si salían brotes de su cepellón.

Se ha seguido otro proceso que difiere en algo de lo comentado, en este caso se ha procedido a enterrar trozos de raíz bajo el sustrato pero horizontalmente. Aquí intentamos ver si se crean yemas adventicias a lo largo de esos trozos y se consigue que de ellas broten.

Fvg.- *(25/03/2014). Plantas nacidas de trozos de raíz depositadas en macetas.*

Queríamos comprobar si brotan aprovechado las reservas de su raíz como ocurre con algunos arbustos. El objetivo es comprobar si es factible este tipo de propagación en esta planta y que pudiera ser una alternativa a la propagación por semillas.

Fvg.-Plantas que han brotado de estaquillado (11/2012).

Estas muestras son de trozos de raíz seleccionadas en periodo de descanso de la planta. Se utilizó para el **"estaquillado"** la parte superior con el "cepellón" del que brotaron las hojas. Los recipientes estuvieron en condiciones de invernadero regando cada 7 a 10 días para mantener el grado óptimo de humedad. Aunque brotaron sin dificultad estas plantas no prosperaron ya que no llegaron a enraizar debidamente, marchitándose cuando se agotaron las reservas.

La conclusión que sacamos de todas estas prácticas de "estaquillado" fue que aunque se consigue que la planta inicie un nuevo proceso; sin embargo, no llegan a desarrollarse convenientemente. A esto debemos de añadir que no sería un sistema óptimo para utilizarlo en siembra al aire libre y grandes superficies.

II.   PREPARACION DEL TERRENO PARA SIEMBRA AL AIRE LIBRE.

A finales del mes de septiembre/2013 los cardos, en su mayoría, han llegado al final de su ciclo vegetativo. Este año con un poco de retraso debido a las muchas precipitaciones habidas en primavera y al nacimiento tardío de muchos ejemplares. Estamos en un año que ha sido muy bueno para el cardo.
Los cardos nacidos en la parcela en la que realizamos los estudios son de un excelente tamaño, la mayoría con tallo vigoroso y múltiple. Serán un buen aporte de semillas para regeneración del terreno.

La densidad de plantas es apreciable, no siendo así en otras zonas en la que siempre ha sido escasa. Pretendemos homogeneizar toda la superficie para que la densidad sea similar en toda la parcela. Para ello forzaremos que el cardo brote en aquellos lugares en los que no lo ha hecho otros años con la aportación de semillas de otros lugares.

Las labores de acondicionamiento del terreno se comienzan a finales de septiembre. Tratamos de trasladar semillas de los lugares que hay muchos cardos a otros que no los hay. Se comienza pasando por las zonas, en las que hay una buena densidad de cardos, un pequeño escarificador provisto de púas con la finalidad de arrastrar los cardos y amontonarlos para posteriormente llevarlos a las zonas que queremos sembrar.

Una vez realizado se esparcen regularmente por las zonas más pobres o carentes de la planta. Previamente, a primeros de octubre, después de que se hayan producido algunas precipitaciones, se ha removido ligeramente la capa superficial haciendo pequeños surcos de unos 5 a 7 cm. de profundidad. Se dan sucesivas pasadas con el escarificador moviendo los pequeños montones de cardos para esparcirlos por toda la superficie a sembrar y que las semillas se desprendieran fácilmente quedando ligeramente enterradas. Finalizamos esta fase realizando diversas pasadas con un rulo para fijar la semilla al suelo.

Las labores se realizan durante el mes de octubre y noviembre con intervalos entre ellas de entre 10 y 15 días a fin de determinar y valorar, mediante un seguimiento, cual ha sido la mejor época para realizar la siembra.

PROCESOS Y FECHAS DE REALIZACIÓN.

- A)   EN EL HUERTO:

Es una zona que años atrás se dedicaba al cultivo de huerta. Es un terreno situado fuera de la parcela principal en la que se desarrollan los trabajos.

PANORÁMICA DE LAS ZONAS DE SIEMBRA EN EL HUERTO (Suelo arenoso).
A finales de septiembre: preparación del terreno aprovechado que hubo alguna precipitación en este mes. Sucesivas pasadas con escarificador arañando por toda

la superficie y ahuecándola a una profundidad de entre 7 y 10 cm.
La superficie aproximada es de unos 150 metros cuadrados.
Se siembra con semillas recogidas de ejemplares de este año.
Se acondicionan pequeñas sub-parcelas con distintos métodos de siembra y distintas fechas a fin de contrastar resultados.

EN DETALLE..

A finales de septiembre: Siembra de tres surcos de aprox. 5 m. de longitud. Separación entre surcos unos 25 cm.
A finales de octubre: Siembra de un nuevo surco al lado de los anteriores.
Siembra en línea con un buen aporte de semillas. Estas son del año anterior, se recogieron y se conservaron para esta finalidad.
Se entierra ligeramente quedando las semillas a 1 cm. de profundidad.
En el mismo parterre se realiza otra siembra, esta vez a voleo ocupando una superficie aproximada de 3 metros cuadrados en sentido longitudinal. La semilla es enterrada ligeramente incorporando una pequeña capa de arena.
A finales de octubre se siembra otra zona de la misma superficie de igual forma.

A mediados de noviembre se siembra otra zona de unos 18 m2 colindante con las anteriores esparciendo la semilla a voleo. Parte de esta zona (aprox. 8 m2) se cubre la semilla ligeramente (0,2 cm), el resto NO. El terreno está bastante seco ya que no ha habido durante este mes precipitaciones.
Utilizamos distintos métodos y en distintas fechas. Es de destacar que nunca han crecido cardos en esa parcela. La textura es arenosa.

En las mismas fechas se acondicionaron dos parterres de unos 6 metros cuadrados cada uno como semilleros al aire libre.

Fvg.- 02/2014. Estado del semillero al aire libre. Plántulas vigorosas y muy buena densidad avanzado el invierno. La cobertura se hizo esparciendo una ligera capa de arena

.

Fvg.- Plantas listas para trasplantar. Se alterna la siembra con semillas y el trasplante de pequeñas plántulas.

Fvg.- (23/03/2014). Estado de las plántulas en esas fechas.

Fvg.- (23/05/2014). Estado de las plántulas en esas fechas. .Buen porte y densidad

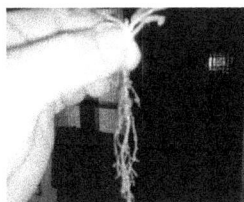

Fvg.- *Plantas listas para trasplante. Con cinco o seis hojas y con un buen sistema de raíces. La raíz principal ya tiene una considerable longitud. Gran cantidad de pequeñas raicillas que salen de la principal. Estas "raicillas" quedarán más separadas unas de otras a medida que la principal engrosa y profundiza en el terreno.*

- B)   EN LA PARCELA.

Sembramos en tres recintos bien diferenciados en los que no han brotado setas y la densidad de cardos ha sido escasa. Se ha procurado que tuvieran distinta estructura de suelo.

Están separados pero dentro de la parcela principal.

Trabajos realizados:

El recinto 1 (R1) tiene una superficie aproximada de 1000 metros cuadrados situados en la parte superior de la finca. Es de textura arenosa.

A primeros de octubre: Delimitación y eliminado de la vegetación (malas hierbas). Ligero arado del terreno con escarificador. En esta zona la densidad de cardos era muy escasa. En distintos puntos se depositan cardos que aún no han desprendido la semilla y se esparcen disgregando las semillas por todo el terreno. Quedan ligeramente enterradas ya que posteriormente se realiza un nuevo paso con el escarificador.

Segunda semana de noviembre: Se esparcen a voleo semillas en una superficie de aprox. 25x4 m. y se pasa el rulo para que la semilla quede adherida a la tierra. Se realiza esta labor sin que hayamos tenido precipitaciones.

El recinto 2 (R2): Superficie aproximada de 800 metros cuadrados, situado en la parte inferior de la finca. Es de textura arcillosa.

El recinto 3 (R3): Superficie aproximada de 150 metros cuadrados situados en la parte baja a la izquierda de la bajada del camino. Es de textura arcillosa, la capa de greda está a poca profundidad.

A primeros de noviembre: Se siembran 4 surcos separados unos 80 centímetros. Se entierra ligeramente.

C) TRASPLANTE DE PLANTA DE SEMILLERO EN MACETAS.

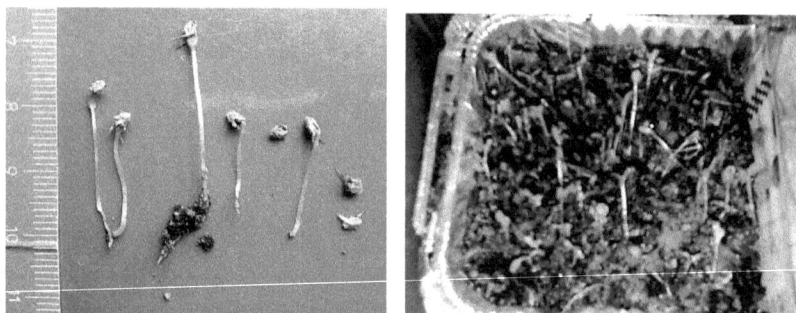

Fvg.-Germinación de semillas en bandeja. 02/07/2013.

Corresponden a pruebas de germinación que se realizaron en pleno periodo estival; sin embargo, aunque dieron resultados positivos en el despegue, no se consigue que las pequeñas plántulas prosperen.

El Eryngium Campestre, al igual que ocurre con los cereales de invierno, necesita de temperaturas bajas sin ser muy extremas para afianzar el sistema radicular y esto no se produce en estas fechas. Esto ya se sospechaba pero se quería monitorizar el porcentaje de germinación de semillas recogidas el otoño anterior. No se hizo un conteo pero el porcentaje de germinación fue bastante elevado. La temperatura ambiente estuvo situada entre los 20 y 24 grados durante el día sin exposición al sol.

El objetivo es determinar las fechas más idóneas para la siembra de esta planta al aire libre.

Fvg.- *(03/2014).Siembra en surcos en marco de plantación de 80x30 cm.*

Fvg.- *Excelente estado de la planta a trasplantar. Se realiza a raíz desnuda. Se puede apreciar que la raíz principal ya tiene el doble del tamaño que la parte visible.*

Fvg.- *Acondicionado de las balsas. Almacenarán agua para cuando se necesite en verano.*

Todas las prácticas están evolucionando y, como era de esperar, lo hacen a distinto ritmo. El estadio de crecimiento, como era lógico, es bastante desigual dependiendo del sistema de siembra utilizado y de las fechas en las que se realizó. Han transcurrido dos ciclos (años) y en la actualidad seguimos sembrando nuevas zonas. La opción que pensamos se adapta mejor a esta planta creemos que es la siembra directa con semillas del mismo año a voleo o en línea, a poca profundidad o simplemente pasando un rulo sin llegar a enterrarlas. Seguimos trabajando...

BLOQUE VIII

SOBRE EL INOCULO

[BLANCO DE HONGO]

En este bloque expondremos lo que hemos realizado en el intento de producir el micelio nosotros mismos. No es imprescindible que se haga todo lo que en él se describe para producir nuestra seta, ni siquiera que lo hagamos ya que hay empresas que nos suministran el micelio; sin embargo, he creído interesante exponer algo relacionado con este tema tan apasionante, el conocimiento y dominio de estas técnicas nos pueden ayudar en el proyecto.

Hay empresas que suministran el micelio de muchos hongos comestibles para que los cultivemos en casa bajo distintos sustratos, algunas nos lo suministran en tarros de cristal de distinta capacidad y nos proporcionan unas instrucciones básicas para su manipulación. Mis primeros intentos de inoculación han sido a través de una de estas empresas comprando micelio de Pleurotus Eryngii (de cepas recogidas en el campo). Una vez comprobado que los resultados han sido positivos me he propuesto la producción de micelio de "cepas" propias que he podido recolectar en la misma parcela en la que desarrollamos los trabajos. Tiene su importancia ya que, además del ahorro que supone el producir uno mismo su micelio, existen otras ventajas que considero debemos de tener muy en cuenta. Podemos *"clonar"* nuestras setas, es decir, aquellos ejemplares que consideremos más idóneos por sus características, y lo más importante, tener a nuestra disposición todo el micelio que necesitemos en cualquier momento simplemente conservándolo en las condiciones adecuadas.

Esto puede que motive algún interés en aquellos de vosotros que quieran profundizar más en este fascinante campo. A mí me ha cautivado, aunque sigo pensando que no es imprescindible para la consecución de nuestros objetivos. Como hemos comentado son muchas las empresas que nos venden este micelio para que podamos, con unas mínimas instrucciones y cuidados, llevar a cabo nuestras inoculaciones, pero esto tiene un coste económico, la valoración de ese desembolso dependerá a su vez de la envergadura de nuestros proyectos. Si lo que se intentamos es probar e inocular algunos "cardos", bastará con un desembolso de entre 30 y 40 euros (1 litro). Si queremos realizarlo a una escala mayor está claro que también ese coste será más elevado.

Mostraré, con la aportación de algunas imágenes que lo ilustren, parte de lo que se está haciendo. Para aquellos que tengáis un especial interés por conocer más acerca de cómo germinar esporas y la producción de micelio, hay en internet multitud de enlaces que os pueden ayudar. Todo lo que se puede encontrar es con vistas a la germinación y clonación de diversos tipos de hongos, algunos tratan de uno determinado, pero los principios vienen a ser igual para todos, incluso para nuestro hongo Pleurotus Eryngii.

En síntesis, las fases pueden ser las siguientes:

1.- Aprovisionamiento. Hacernos con "esporas" de la seta de cardo (Pleurotus Eryngii).
2.- Conservación de las "esporas" para su posterior utilización y preparación de micelio inicial (*jeringuillas y técnica HT*).
3.- Preparación del *"blanco de hongo".*
4.- Incubación.
5.- Inoculación de Eryngium Campestre.

No hay mucha información fiable que podamos encontrar y que trate expresamente de cómo hacerlo para el micelio de nuestra variedad. Las empresas que comercializan el micelio de este hongo no divulgan como lo hacen y las condiciones en las que lo consiguen. Esto parece ser normal ya que parte de sus beneficios provienen de la venta de estos productos y como es lógico no será de su agrado que cualquiera pueda conseguirlo. Las investigaciones y su desarrollo les han originado costes e intentan rentabilizarlo con la venta del producto.

Algunas de las muestras las hemos programado tomando nota de lo que han hecho otros aficionados y han publicado por internet, para otras muchas hemos hecho caso a nuestra intuición realizando pequeñas correcciones a lo que se iba consiguiendo. Ha fecha de hoy no he encontrado un protocolo único que seguir en la consecución de un micelio "estándar" de este hongo. Seguimos trabajando.

Paso 1.-

- **Aprovisionamiento de esporas.-**

Empezaremos haciéndonos con la semilla. En nuestro caso se trata de esporas del *Pleurotus Eryngii*. Para ello debemos de obtener el fruto de este hongo (aparato reproductor) – la seta- y una vez que hayamos seleccionado aquel, o aquellos, ejemplares con mejores características procedemos a la extracción de las esporas, o algo de micelio si lo que queremos es "clonar" estos ejemplares.

Hay muchos procedimientos a seguir para hacernos con estas esporas, nos lo explican accediendo a algunos de los enlaces que hay en la red (internet). Uno de los vocablos que nos pueden llevar a esos enlaces es la palabra "PRINT" o "SELLO". Aunque en principio su significado traducido del inglés es *"imprimir, copiar, estampar"* etc…, se ha acuñado esta expresión por los aficionados a la micología para denominar el proceso de recogida de esporas para su posterior germinación y utilización para propagar la especie en otro hábitat controlado.

Utilizaremos el método que mejor se adapte a nuestro deseo y disponibilidades. Existen muchas variantes de cada uno de ellos, pero sea cual sea la escogida debemos de tener presente un aspecto ESENCIAL como es que la manipulación y conservación requiere que   se realice en condiciones en las que no se nos CONTAMINE con otros organismos no deseados, debemos ser muy RIGUROSOS en este aspecto. Hay que procurar que la manipulación y conservación se haga en condiciones lo más asépticas posible. Para ello, desde el principio hasta el final, hay que procurar que todo lo hagamos en condiciones de máxima higiene y limpieza. Perseguimos que se propague únicamente nuestro "HONGO"; es el UNICO organismo que queremos mantener vivo.

¿Cómo comenzar?

Lo primero es hacernos con la materia prima, las setas. Nosotros los hemos conseguido recolectando setas en nuestra parcela de estudio. Se recolectaron durante los primeros días del otoño cuando empezaron a "salir" los primeros ejemplares siendo estos los de mayor tamaño y mejor apariencia. En estas fechas no proliferan setas dañadas o que las hayan invadido otros organismos, o que estén, como decimos por estas tierras **"sapadas o agusanadas".** También podemos acudir al mercado (tiendas de venta de verduras y hortalizas, a nuestra plaza de abastos, a nuestro "súper", etc....) y comprar alguna que, o bien porque nosotros ya conocemos esta variedad de seta o porque nuestro proveedor de confianza nos lo asegura, tengamos la certeza de que, efectivamente, se trata de la "seta de cardo".

Esta no ha sido la opción por la que hemos optado ya que perseguimos que la "cepa" sea de ejemplares recogidos directamente en su hábitat y más concretamente de la zona en la que residimos. Hemos descartado la compra en estos establecimientos, ya que lo más probable, si esto se realiza fuera de temporada, es que esas setas provengan de cultivos forzados y con sustratos muy distintos a los de su hábitat natural.

Ya hemos salido al campo y hemos tenido la suerte de encontrar alguna seta, seleccionamos algunas -tres o cuatro- de las que extraeremos las esporas.

Para seleccionar las esporas se pueden seguir distintos métodos con alguna pequeña variante, todos válidos y con resultados idénticos. En internet hay muchos enlaces que nos describen de forma muy gráfica cómo hacerlo, basta con teclear en el buscador que utilicemos algo así **"print esporas hongos"**- **"sello esporas setas"**, etc..

Un ejemplo ilustrativo y eficaz puede ser el que os detallo tomado de **"infojardin"** y publicado por **"lucasfava"** que nos detalla de forma sencilla y clara los pasos a realizar.
http://foroarchive.infojardin.com/naturaleza-flora-autoctona-setas/t-228174.html

Un resumen de cómo hacer nuestra impresión de esporas.

Obviamente nos lavaremos las manos y trabajaremos en un entorno limpio para realizar los siguientes pasos:

Elige un material limpio sobre el que quieras la impresión (papel de mecanografiar, una tarjeta, papel de cera, papel de aluminio, etc...).
Corta un sombrero maduro tan cerca de las laminillas como sea posible usando un escalpelo o cuchillo limpio.
Coloca el sombrero encima del material donde irá la impresión con las laminillas hacia abajo.
Tapa el sombrero con un vaso o coloca el material a imprimir dentro de un tupper con la tapa puesta.
Dejar reposar 12-24 horas a temperatura ambiente.
Recoge el sombrero y deja secar la impresión unas 24 horas.
Dobla la impresión y métela en una bolsita ziplock.
Etiqueta y almacena en un lugar oscuro, frio y seco.
Para hacer jeringas de esporas basta con rascar la impresión en unos 10ml de agua destilada y absorberlos en una jeringa.
Si se opta por pasar las esporas de la jeringa a una placa de Petri hacemos lo siguiente:
Bastan unas cuantas gotitas en una placa de Petri con agar para empezar a propagar el micelio. Sin embargo, propagar el micelio desde esporas es muy difícil debido a los numerosos contaminantes (mohos, bacterias...) que puedan aparecer. Tendrás que recortar los trozos de micelio limpio y transferirlos a una nueva placa tantas veces como sea necesario. Además cuando se trate de esporas no podrás utilizar el agua oxigenada, aunque se considera que una concentración de 0,005% sulfato de gentamicina en el medio de cultivo puede impedir (en límites razonables) el desarrollo de las bacterias, sin afectar las esporas de nuestro hongo.

En el primer paso, hay que pasar el papel por agua hirviendo unos 15 minutos, rociar alcohol 70% o en su defecto lejía al 10%.
Para mejor limpieza, también rociar el alcohol o lejía, dentro del tapper antes de colocarlo sobre el hongo, es para evitar contaminaciones.

Aunque pudiera parecer sencillo, obtener resultados positivos al 100% no lo es tanto. Recabando información sobre este tema he podido percatarme que todo lo que hay es muy similar y que hay muchas coincidencias a la hora de establecer los protocolos a seguir para conseguir "esporadas" y a partir de ellas la germinación. Efectivamente, todos coinciden en que el proceso requiere que lo hagamos con la máxima higiene en la manipulación, utensilios que utilicemos, ambiente en el que lo realicemos, etc...

Queremos las "esporas" de nuestro hongo, y solo ellas, no queremos otros comensales a los que no se ha "invitado" y desde luego no deseados. Salvo limpiar con agua el carpóforo de nuestras setas previamente, poco más podemos hacer ya que no podemos eliminar todos los microorganismos (bacterias, mohos, endosporas....) que estén habitando en el sombrero especialmente entre las laminillas de la setas.

Recogida de esporas para preparación de **print y honey teck**

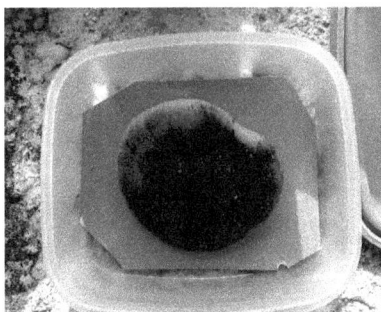

Fvg.- (6/10/2013). Buen ejemplar.

Fvg.- Impresión de esporada

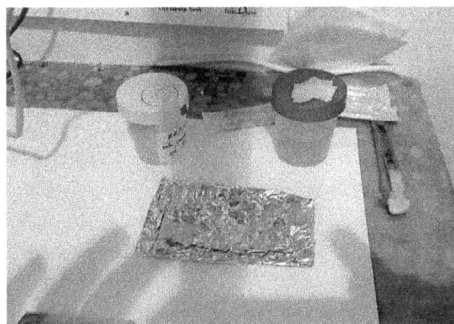

Fvg.- Esporas en tarros .Nos sirven los que podamos conseguir en farmacias para análisis de orina- y en papel de aluminio

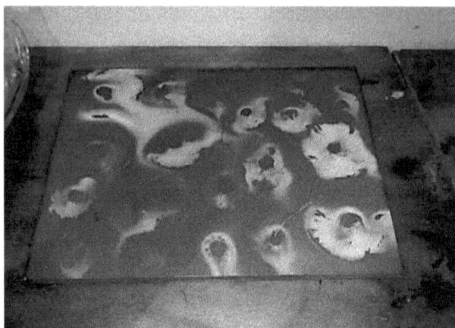

Fvg.- Varias "impresiones" de esporas sobre cartulina plastificada.

ESPORADA, QUÍMICA Y MICROSCOPÍA:

- Reacciones químicas: Reacción negativa con el fenol.
- Esporada: Blanca-crema.
- Esporas: cilíndricas de 10-14 x 4-5,5 µm., no amiloides, hialinas, gutuladas y lisas.
- Basidios: Tetraspóricos y claviformes.
- Otras características: La cutícula filamentosa presenta fíbulas.

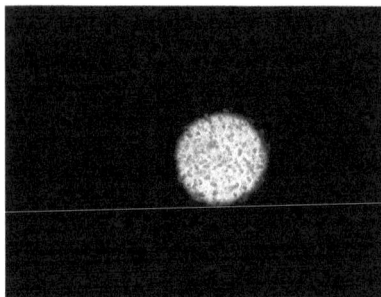

*Fvg.- Esporas de **Pleurotus Eryngii** vistas al microscopio. Recogidas de la muestra M-60.*

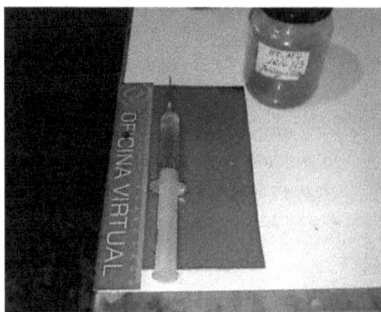

Fvg.-Jeringuilla con la que hemos succionado agua destilada con la suspensión de esporas recogidas raspando uno de los "print" que hemos preparado. La conservaremos protegida con una envoltura en papel de aluminio dentro de un tapper en un compartimento de nuestro frigorífico para utilizarla cuando la necesitemos.

Paso 2.-

- *Conservación de las esporas.*

Una vez que tenemos las esporas **"impresas",** el siguiente paso es conservarlas convenientemente para así disponer de ellas cuando las necesitemos. Podemos seguir las pautas que hemos descrito anteriormente en la preparación del "print" y las jeringuillas. Estas preparaciones las podemos mantener y conservar durante algunos meses (no más de 6) y utilizarlas a medida que vallamos a transferir al sustrato en el que se desarrollará el micelio. Tanto los "print", como las jeringuillas que tengamos preparadas habrá que dejarlas en un lugar protegidas de las fluctuaciones de temperatura, podemos dejarlas en un compartimento de nuestro frigorífico, puede ser el superior o el destinado a las frutas y hortalizas.

La temperatura es de unos 4º C y es ideal para su conservación. Tanto si hemos optado por tener print, jeringuillas o ambas, es requisito imprescindible tener bien limpios y cerrados los recipientes (tapper). En algunas publicaciones nos dicen que el frigorífico no es muy recomendable ya que suele ser un sitio en donde pueden proliferar esos microorganismos no deseados que están en muchos de los alimentos que conservamos. Es cierto, pero manteniendo limpios y bien sellados los recipientes, no debemos de preocuparnos.

TECNICA HT (Honey Tek) ¿Qué es y para qué se utiliza?

Es una técnica más a utilizar para disponer del producto en todo momento y proceder a las inoculaciones a medida que necesitemos hacerlo, basta con conservarlo en las condiciones adecuadas para que no se nos pierda.

Es una mezcla de agua y miel a la que le añadimos las esporas para que germinen y produzcan el micelio primario. En las proporciones adecuadas, las esporas que depositemos germinan casi de inmediato dando paso a lo que se denomina una "NUBE DE MICELIO". Podremos transferir parte de esa nube (micelio) a otros sustratos incluso preparar nuevos Honey Tek a partir de él.

La miel es un elemento que se consigue fácilmente y que contiene nutrientes que permiten que las esporas del hongo germinen colonizando rápidamente el contenido a base de miel y agua. Existen otras recetas con las que podemos realizar nuestros HT (extracto de malta) pero para nuestro cometido esta ofrece muy buenos resultados y es fácil de realizar.

He probado otros métodos y me he decantado por este, digamos que es el ideal para principiantes. Las esporas germinan casi de inmediato y el micelio se desarrolla perfectamente dentro de esta disolución. También podemos transferir directamente al sustrato esporas del print o de los preparados en jeringuillas para que germinen directamente, pero es mucho más lento, yo he optado por transferir al sustrato micelio en desarrollo de los HONEY TEK y los resultados han sido muy satisfactorios.

El proceso es el siguiente:

1. Diluir una cucharadita de miel en unos 300-500ml de agua tibia y luego meterlo en frascos de vidrio de los que podemos tener en nuestra casa (tarros de café, de frutas en conserva, de encurtidos, etc..). No debemos pasarnos con la miel, un exceso de azúcar es malo, ya que se satura el micelio y no crece. Lo notamos cuando hay mucha azúcar caramelizada en el fondo tomando un color marrón claro.

2. Abrimos un hueco en la tapa, con un destornillador o punzón y lo cerramos con cinta adhesiva o silicona. Esto hay que hacerlo ya que después de succionar con la jeringuilla se cierra el "agujerito" impidiendo que entren impurezas y otros "seres" no deseados. Otra opción más cómoda es comprar suero fisiológico en la farmacia, en bote de cristal. Ese bote viene con puerto de inyección. Podemos vaciar el bote y rellenarlo de agua-miel, o bien podemos quitar el puerto y pegárselo a la tapa de los tarros de cristal.

3. Cubrimos los tarros con papel aluminio dejando las tapas sueltas (roscar ligeramente ya que si están completamente cerrados puede que se nos rompan en la olla cuando esté hirviendo).

4. Introducimos los tarros para esterilizar en una olla de las que podemos tener en nuestra casa. Hay que procurar que los tarros no toquen directamente el fondo, para lo cual introduciremos en ella un "paño" o una rejilla. Esto hará que nuestros tarros no se rompan al hervir. El agua (del grifo) que echamos en la olla cubrirá aproximadamente la mitad de los tarros. Una vez que empieza a "pitar" dejamos a fuego medio durante 15 a 20 minutos. Este tiempo es suficiente ya que en esa disolución no es probable que existan muchos microorganismos de los llamados persistentes. Si lo que queremos es una esterilización completa los dejaremos 1 hora que hierva en la olla (hay que conseguir los 121 ºC).

5. Pasado ese tiempo cortamos la fuente de calor y dejamos enfriar.

6. Abrimos la olla e inmediatamente cerramos las tapas de los tarros.

En un ambiente limpio, o con la técnica del horno, realizamos el trasvase de esporas a los tarros.

7. Si se tienen "jeringuillas" previamente preparadas, inyectamos esporas o micelio dependiendo de lo que tengamos. Si se tienen esporas en papel, abriremos la tapa y con un bisturí estéril raspamos un poco de esporas y las depositamos en algunos frascos. Las esporas depositadas aparecerán como unos pequeños "puntitos" negros.

8. Tapar e incubar en un lugar limpio y a oscuras. La incubación debe prosperar bien entre 22-26 ºC.
Previamente procuraremos colocar un cristal (unos trocitos) dentro de los tarros para que al agitarlo se rompa el micelio y se pueda extraer con mayor facilidad. La aguja de las jeringuillas no debe de ser demasiado fina ya que nos dificultará la succión de los filamentos de micelio.

Las esporas germinan en el agua con miel y el micelio crece como flotando formando lo que en el argot se llama "NUBE" (la tendremos bien formada a los 9 o 10 días). El micelio que se ha formado ya estará listo para inocular. Si no se utiliza todo el contenido de inmediato pondremos los tarros en la nevera para conservarlo, se detendrá el crecimiento.

Fvg.- *Tarros listos para preparar HT.*

Fvg.- *Honey Teck con "nube" de micelio bien formada.*

Algunos preparados en PLACAS DE PETRI.

¿Pero que es una placa de Petri?

La placa de Petri es un recipiente redondo, de cristal o plástico, de diferentes diámetros (siendo más comunes los de diámetros alrededor de 10 cm), de fondo bajo, con una cubierta de la misma forma que la placa, pero algo más grande de diámetro, para que se pueda colocar encima y cerrar el recipiente. Se utiliza en los laboratorios principalmente para el cultivo de bacterias y otros microorganismos, soliéndose cubrir el fondo con distintos medios de cultivo (por ejemplo agar) según el microorganismo que se quiera cultivar.

http://pblequipo2.wordpress.com/category/placa-de-petri/

El medio de cultivo. RECETAS

Para el cultivo de setas se utilizan varios medios de cultivo entre los cuales se destacan:

MYA (Malt Yeast Agar) o sea:
extracto de malta (M) levadura de cerveza (Y) y agar-agar (A) y

PDYA (Potatoes Dextrose Yeast Agar) o sea:
patatas (P) dextrosa (D) levadura de cerveza (Y) y agar-agar (A).

Para 300 ml de MYA:

- 6g agar-agar
- 6g extracto de malta clara
- 1g levadura de cerveza en copos
- 3g harina de avena (hecha de copos de avena molidos en el molinillo de café) - opcional
- 1.8ml H_2O_2 3% o 10 vol. (peróxido de hidrógeno –agua oxigenada-).
- 300ml agua del grifo.

Para 300 ml de PDYA:

- 90g patatas
- 6g agar-agar
- 3g dextrosa
- 1g levadura de cerveza en copos
- 1.8ml H_2O_2 3% o 10 vol.
- 300ml agua del grifo

Tres cientos ml. de medio nutritivo cunden para 10 - 12 placas de Petri de 9 cm. en diámetro.
Puede utilizar cualquiera de las dos recetas.

La utilización del agua oxigenada es opcional, pero la considero *de gran importancia.* Aconsejo consultar el libro de Rush Wayne "Growing Mushrooms the Easy Way. Home Mushroom Cultivation with Hydrogen Peroxide". A mí me ha ayudado mucho.

Preparar el medio de cultivo (de otra fuente).

• Para preparar el PDYA empieza cortando las patatas en daditos y ponlos en el agua a hervir sin sal.
Lo que utilizas para preparar el medio de cultivo será el líquido resultante.

• Ahora para preparar tanto el MYA como el PDYA mezcla_todos los ingredientes (excepto el agua oxigenada) en un recipiente junto con la cantidad deseada de agua (en el caso del MYA) o junto con el extracto de patatas (en el caso del PDYA). El recipiente debe tener dos veces el volumen que realmente usarás, para evitar que el agar hirviente se derrame al cocinar.

• Luego pones el recipiente (los recipientes) en una olla a presión para fundir y esterilizar el medio. Como recipientes puede ser cualquier tipo de frasco o tarro de vidrio termo resistente. Y lo más importante cuando se trata de esterilizar, los recipientes tienen que ir tapados. Las tapas se colocan sin cerrar del todo (flojas) en su lugar (a falta de tapas puede utilizar también papel de aluminio) y el medio de cultivo se cocina a presión por no más de 10 minutos, permitiendo diez minutos iniciales de producción de vapor para fundir el agar. Importante: No cocines el agar más de 20 minutos. Cualquier tiempo mayor producirá productos de caramelización, que son tóxicos para el micelio. Las placas de Petri las podemos adquirir en farmacias o lugares en los que vendan utensilios para laboratorio. 300ml de medio alcanza para unas 10 - 12 placas de Petri de 9 cm en diámetro.

• Una vez terminada la cocción, apaga el fuego y deja que baje la presión. De aquí en adelante tendrá que trabajar en unas condiciones de máxima higiene. Retira cuidadosamente el recipiente que contiene el medio y deja que se enfríe. Necesitarás un termómetro de cocina para medir la temperatura del agar. Desinfecta antes la punta del termómetro con alcohol.

• Si el agar se ha enfriado demasiado lo puedes recalentar al baño maría y después en el microondas. El agar se solidifica a los 40°C pero a unos 60°C empezará a coger cuerpo. Cuando el termómetro marque unos 65°C añade el agua oxigenada. Para esto puedes utilizar una jeringuilla de plástico de 5ml. Vuelve a colocar la tapa y mezcla el peróxido en el medio moviendo el frasco con un movimiento circular, invirtiendo las direcciones un par de veces, pero teniendo gran cuidado en evitar hacer muchas burbujas.

- A continuación llene las placas de Petri.

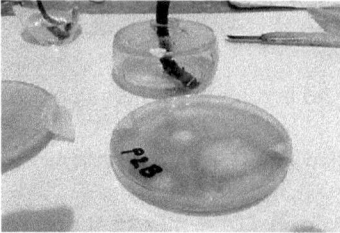

Fvg.- Colonización en placa de Petri.

Fvg.- *Placa Petri de la que se han obtenido dos trozos (triangulitos) de la preparación con "agar" para proceder a inocular en el sustrato "iniciador".*

Paso 3.-

- El "BLANCO DE HONGO".

La producción del llamado **"blanco de hongo",** es el siguiente paso a seguir en nuestro intento de cultivar esta seta. Es fundamental y previo a las inoculaciones que más adelante hagamos en el terreno. Este término (blanco) es el "**iniciador**" que se utiliza para inocular todo tipo de hongos (comestibles y no) en los distintos sustratos a nivel industrial. Los sustratos que hemos denominado iniciadores pueden ser muy diversos y también cada uno tiene su propio proceso de preparación, conservación y mantenimiento que puede ser distinto dependiendo del tipo de seta que se quiere producir. Una vez conseguido lo podemos utilizar para las inoculaciones directamente en el terreno, o para hacer más blanco de hongo.

Considero que este es el paso que pudiera tener una mayor complicación si queremos conseguir producir micelio libre de contaminaciones. Como ya he comentado, existen empresas que nos venden el "blanco de hongo". Estas empresas disponen de una infraestructura adecuada para el manejo de todo el material que interviene en el proceso logrando la producción en medios estériles. Disponen de recintos adecuados, utensilios y máquinas modernas de esterilización, laboratorios, etc. etc..., en fin, todo lo necesario. Pero esto, como es obvio, no está a nuestro alcance por el elevado coste que supone. Nosotros somos aficionados e intentamos conseguir lo mismo que ellos pero con los medios que están a nuestro alcance y con el menor coste posible.

Las cantidades a producir de **"blanco de hongo",** en el caso que nos ocupa, no pueden ser excesivas, motivo por el cual creo que no es muy razonable que tengamos que comprar material y utensilios de elevado coste para nuestra producción; por ejemplo, campana de flujo laminar, hornos especiales, microscopios, reactivos apropiados, habitáculos especialmente preparados, etc. etc. . Ni siquiera es necesario aprender a producir nuestro blanco, podemos pedirlo a alguna de esas empresas que lo comercializan si estamos empezando, o si únicamente queremos probar a pequeña escala algunas inoculaciones en el terreno. Es así como ha empezado el proyecto comprando *"micelio" inicial* a una empresa suministradora.

Si no queremos complicarnos mucho esto es lo que podéis hacer. En mi caso me ha motivado seguir por esta línea el interés personal de poder tener micelio de cepas propias, a lo que debo de añadir y creo más importante, conseguir disponer de nuestro "blanco de hongo" en cualquier momento que lo necesite.

En síntesis y con lo expuesto, os puedo asegurar que todos estamos en condiciones de producir nuestro micelio. Hay una cuestión clara y es que lo que hagamos debe de ser con máxima limpieza y en condiciones estériles; sin embargo, siendo esto así, existe unos trabajos realizado por R. Rush Wayne, Ph.D. que hacen incluso mucho más sencillo este proceso de obtención del "blanco de hongo". Su tesis ampliamente experimentada se fundamenta en lo que él denomina "METODO DEL PERÓXIDO" (agua oxigenada). Básicamente se fundamenta en la utilización de pequeñas cantidades de peróxido de hidrógeno para la obtención de inóculos libres de contaminación. Sus trabajos y experimentaciones las ha realizado con distintos hongos comestibles y parece ser que los resultados obtenidos son muy positivos. Con ello se consigue la obtención y propagación de micelio para inoculaciones en distintos sustratos de forma fácil y con un coste muy reducido ya que la manipulación la hacemos prescindiendo de utensilios de elevado coste como los que se utilizan en laboratorios y en la producción industrial.

Os recomiendo que leáis sus publicaciones. Hasta la fecha ha realizado dos muy interesantes en las que detalla minuciosamente como ha llegado a esas conclusiones. Son dos manuales en los que explica con mucho detalle y de forma sencilla todos los pasos que ha seguido para obtener el "blanco de hongo" y las posteriores inoculaciones en lo que él denomina "en masa" (inoculaciones para la fructificación) en distintos sustratos (aserrín, paja, cereales, arroz). Nos muestra distintas recetas y explica los resultados con cada una de ellas dependiendo de la variedad de hongo utilizado. No todos los hongos se comportan igual en un mismo sustrato.

No considero necesario que exponga nada más de esos trabajos, únicamente decir que personalmente he realizado algunos de los procesos que describe en mi intento de obtener mi propio "micelio" del Pleurotus Eryngii. Os confirmo que, efectivamente, han dado resultados positivos aunque no descarto otros métodos de elaboración. Muchos ya seréis conocedores de esos trabajos pero para aquellos que les interese profundizar en este apartado concreto facilito los enlaces en los que se pueden ver publicados estos trabajos.

Cultivo de Hongos en el Hogar con Peróxido de Hidrógeno
Volumen I y Volumen II
R. Rush Wayne, Ph.D.
Cultivando Hongos de Manera Fácil
Cultivo de hongos en el Hogar con Peróxido de Hidrógeno
Registro de la propiedad literaria © 2000 R. Rush Wayne, Ph.D.*

Con el objetivo de obtener nuestro **"blanco de hongo"**, *llevamos realizadas* hasta la fecha unas 90 muestras. Hemos utilizado diversos sustratos primarios (trigo, pellets de madera y papel, arroz….), adicionando a su vez distintos elementos que pudieran acelerar o mejorar el proceso (azúcar, nitrógeno inorgánico, levadura de cerveza, carbonato cálcico, extracto de malta, un poco de "antibiótico", vitaminas, etc...).

Paso 4.

- **Preparación e Incubación.**

Bien, ya tenemos nuestras esporas o nuestro micelio, o las dos, dependiendo de la opción elegida. En el paso anterior hemos comentado que es el micelio iniciador (blanco de hongo) pero no hemos hablado de cómo prepararlo y el tiempo que requiere para que esté disponible y listo para llevarlo al terreno. Son muchas las recetas que se publican para hacer el llamado "blanco de hongo", pero no hay ninguna específica para nuestro hongo.

Son muchas las muestras preparadas, y otras que se estamos procesando. Los resultados que podemos ofrecer no son definitivos ya que requieren que pase un tiempo y veamos los resultados en el campo; sin embargo, describimos el proceso seguido en una de las líneas que hemos seguido y nos ha ofrecido resultados alentadores.

- Sustrato: grano de trigo blando (aprox. 500 gramos).
- Recipiente: Tarro de vidrio con capacidad para 1 litro.
- Azúcar (glucosa).
- Carbonato cálcico. (tiza, yeso, cal apagada..)

PROCESO:

1. Mezclamos los tres componentes, trigo, azúcar (25 gr.) y Carbonato Cálcico (una cuchara de las de café).
   El carbonato cálcico para bajar ligeramente el PH. El azúcar para ayudar la activación del micelio.

2. Mezclamos y lo depositamos en un recipiente con agua del grifo y lo dejamos que caliente en la vitro unos 15 minutos. El azúcar se diluirá y, lo más importante, conseguiremos que los granos de trigo "ablanden".

3. Retiramos de la fuente de calor y evacuamos completamente el agua. Dejamos el contenido unas 24 horas en reposo preferentemente en algún lugar a oscuras. El motivo es que durante ese tiempo y en esas condiciones de humedad y oscuridad se pongan en movimiento algunos microorganismos (endosporas) que están en los granos de trigo y que en condiciones normales no se eliminarían por completo en el paso siguiente. Para más seguridad podemos repetir esto dos o tres veces, es decir calentar y reposar un día. Las endosporas son más fáciles de combatir *"cuando empiezan a dar la cara"*. Si no lo hacemos así pudieran persistir y aguantar latentes, incluso a la temperatura de esterilización.

4. Depositamos la mezcla en tarros de vidrio (nos servirán cualquiera de los que se utilizan para conservas o similares). Podemos usar uno de un litro de capacidad o repartirlo en dos o tres más pequeños. Sea cual sea la capacidad procuraremos no llenarlos del todo (2/3 aproximadamente).

5. Cerramos el tarro/s con su tapa metálica sin apretar del todo, podemos hacerlo también con papel de aluminio colocando una goma elástica como cierre. No tienen que estar cerrados herméticamente.

6. ESTERILIZAR. IMPORTANTE

Introducimos los tarro/s en una OLLA a presión de las que podemos tener en nuestra cocina. Antes habremos colocado un paño en el fondo y echaremos agua hasta que cubra aproximadamente la mitad de los tarros, el motivo es que no se rompan los tarros al suministrar calor. Cerramos la olla y la pones a la fuente de calor hasta que "pite". A partir ahí, y a fuego medio, la dejamos entre 50 y 60 minutos que se cocine. Este tiempo y la temperatura del interior hará que se esterilice todo el contenido. No basta con poner simplemente a hervir en un recipiente, tiene que alcanzar una temperatura que "mate" a todo ser viviente que se encuentre dentro de los tarros. Esa temperatura a alcanzar es de 121 ºC. y las ollas de cocina (a falta de otro tipo de instrumental más sofisticado) nos sirve perfectamente.

7. Pasado ese tiempo retiramos la olla y la dejamos reposar un tiempo para que baje la presión interior y se quede a la temperatura ambiente. Sacamos los tarros y cerramos bien las "tapas". Habremos esterilizado el contenido de la mezcla que contienen los tarros.

Nota: Tindalización: Se utiliza cuando las sustancias químicas no pueden calentarse por encima de 100 ºC sin que resulten dañadas. Consiste en el calentamiento del material de 80 a 100 grados hasta 1 hora durante 3 días con sucesivos períodos de incubación. Las esporas resistentes germinarán durante los períodos de incubación y en la siguiente exposición al calor las células vegetativas son destruidas. (John Tyndall 1820-1893).

8. Ahora hay que inocular los tarros con nuestras esporas o con nuestro micelio dependiendo del método que hayamos utilizado.

9. Si tenemos jeringuillas con esporas, previamente almacenadas, lo que haremos es depositar o repartir su contenido por los tarros. Si el cierre de los tarros es con su misma tapa metálica, previamente habremos hecho un pequeño orificio que posteriormente cerraremos con silicona, por ejemplo, y a través de él inyectamos parte del contenido de la jeringuilla (repartiremos unas gotas unos 2 ml. será suficiente, agitamos un poco el tarro para que se disemine por todo él). Repetimos esta operación con cuantos tarros tengamos. Si los tarros están tapados con papel aluminio pincharemos con la jeringuilla para depositar las esporas y después tapamos el pequeño orificio con fixo. Insistir que todo este manejo lo haremos en un cuarto bien limpio, que nosotros nos habremos puesto guantes de látex y mascarilla y que

desinfectaremos la aguja de la jeringuilla con alcohol o la habremos flameado ligeramente con la llama de un mechero u otro sistema.

Si lo hacemos con micelio conservado de un Honey Teck el proceso es similar. Extraemos ese micelio con una jeringuilla y lo depositaremos en los tarros como hemos descrito anteriormente. Antes agitamos un poco el pequeño tarro del HT para que los cristales rompan la nube de micelio y sea más fácil que pase por la aguja de la jeringuilla. El sobrante del HT nos servirá para nuevas inoculaciones si no olvidamos depositarlo de nuevo en el frigorífico.

Si hemos sido un poco más "osados" y nuestras colonias de micelio las tenemos en placas de Petri, lo que haremos es cortar pequeños "triangulitos" de agar y micelio y con la ayuda de unas pinzas depositarlos en los tarros. Aquí tenemos que abrir los tarros y manipular la placa de Petri y esto conlleva el riesgo de que se pueda contaminar. Procuraremos realizar el proceso en el menor tiempo posible y que el lapsus de exposición a posibles agentes externos sea mínimo.

Nos ayudará que dispusiéramos de algún mechero de esos que se usaban antes de mecha. Uno o dos sería suficiente porque la manipulación la haríamos entre ambos. El calor que desprende la llama impediría la entrada a ese espacio de otros microorganismos.

10. Sea cual sea el método seguido, una vez terminado llevamos nuestros tarros ya inoculados a otro recinto y los mantendremos un tiempo en completa oscuridad. Nos puede servir un pequeño armario procurando que la temperatura en el interior esté entre el rango de los 22-27 ºC. y completamente a oscuras. Conseguir que esta temperatura sea constante dependerá de la época del año y del lugar en que lo estemos realizando. Si lo hacemos en verano utilizaremos alguna fuente de frio para bajar la temperatura y si es en invierno la fuente deberá proporcionar calor para subir la temperatura. El sistema lo dejo a vuestra elección, pero sí que necesitaremos un termómetro con el que sepamos en todo momento la temperatura que hay en el recinto. Independientemente de la fuente de calor o frio que utilicemos es aconsejable que disponga de termostato.

También, dependiendo del método seguido en la inoculación, veremos a los pocos días que los granos toman un color "blanquecino" y se podrán ver algunos hilillos también de color blanco, eso será buena señal, el micelio está activo y está colonizando los tarros.

Los primeros síntomas se pueden ver a los tres o cuatro días, si lo hicimos directamente con esporas será un poco más tarde. El tiempo que puede tardar en colonizar el micelio la totalidad de los tarros puede variar, pero por las pruebas realizadas estimamos que entre 35 y 45 días. Retiraremos aquellos tarros en los que veamos coloraciones sospechosas. Descartaremos aquellos que no se vean con un color blanco intenso. Lo mismo haremos con aquellos que al abrir la tapa desprendan un olor desagradable. El micelio de este hongo es muy agresivo y no tardaremos mucho en ver que coloniza el sustrato.

Una vez que los tarros estén completamente colonizados será el momento de afrontar el siguiente paso. Si no queremos utilizarlos en ese momento llevaremos los tarros al frigorífico y los tendremos a una temperatura entre 2 y 4 ºC.

Paso 5.

- **Inoculación del Eryngium Campestre *<cardo corredor>* en el terreno**

Este es el último paso. Una vez que tengamos nuestros tarros completamente colonizados por el micelio debemos proceder a inocular los cardos que hayamos seleccionado. Si no pensamos utilizarlo de inmediato sacaremos los tarros del recinto que nos ha servido como sala de incubación y los llevaremos a nuestro frigorífico. En este lugar tampoco los debemos de tener mucho tiempo, no más de quince días. Procuraremos que estén a una temperatura de 4 ºC o algo menor, el micelio se "parará".

El proceso de inoculación de los cardos ya lo hemos descrito en el bloque correspondiente, así como las fechas en las que consideramos más conveniente hacerlo. Es importante que una vez que hemos abierto un tarro sigamos con él hasta que se termine el contenido totalmente. No debemos dejar tarros a medias. Como herramienta para manipular el micelio nos puede servir un tenedor de los que tenemos en nuestra cocina y un cuchillo. El tenedor para ir sacando el micelio de los tarros y el cuchillo (o algo similar) para hacer una ligera herida a la raíz que queremos inocular. Pensamos que esto ayuda a que el micelio la invada lo antes posible. Una vez depositado el micelio alrededor de la raíz que previamente habremos descubierto unos 7 cm., tapamos con la misma tierra que hemos apartado al hacer el hueco y regamos ligeramente. Si lo estamos realizando en julio o agosto conviene que aportemos agua cada 10 o 15 días en caso de que no haya ninguna precipitación. En condiciones normales veremos ya alguna seta a finales de septiembre o primeros días de octubre.

Con el contenido de un tarro de un litro podemos inocular hasta 45 raíces. A la hora de seleccionar los cardos procuraremos que sea en aquellos de porte más vigoroso y si es posible que existan dos o tres muy juntos de manera que la "bolita" de micelio esté prácticamente en contacto con ellos. También procuraremos que no estén aislados, lo haremos en zonas en las que la densidad sea aceptable. Si todo se ha realizado correctamente con el tiempo, no mucho, habremos creado potencialmente 45 setales nuevos. **¿Maravilloso verdad?.**

Fvg.- Muestras de distintas inoculaciones de Pleurotus Eryngii comenzando la incubación.

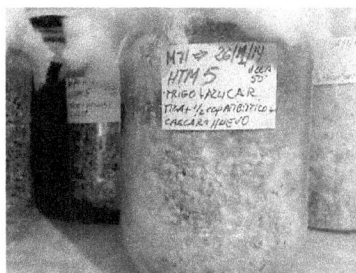

Fvg.- Muestras a los cinco días. El micelio va progresando.

Algunos agentes contaminantes en los preparados.

Bacillus

En vasos de grano es común encontrar Bacillus, que algunas veces sobreviven al proceso de esterilización en su transformación a endoesporas resistentes al calor. Una especie de moco gris opaco de color marrón caracterizado por un mal olor descrito como olor a manzanas podridas, calcetines sucios o tocino quemado.

Los Bacillus hacen que los granos colonizados parezcan excesivamente húmedos. Ante condiciones ambientales adversas, especialmente el calor, se forman endosporas bacterianas capaces de sobrevivir a altas temperaturas durante un tiempo prolongado.

El método más práctico para la eliminación de las endosporas bacterianas consiste en sumergir el grano a temperatura ambiente durante 12 a 24 horas antes de la esterilización. Las endosporas, si son viables, germinarán en ese periodo de tiempo volviéndose susceptibles a los procedimientos de esterilización estándar. Además, al haber humedad dentro del vaso no se formarán nuevas endosporas.

Fuente: http://www.setasalucinogenas.com/contaminaciones.html

Fvg.- (03/2013) Contaminación de un preparado. Típico de la bacteria "bacillus".

En el siguiente apartado se describen algunas contaminaciones típicas que se pueden dar en el cultivo de hongos en general. Algunas las podemos observar en nuestras preparaciones del "blanco de hongo", si esto ocurre no os preocupéis demasiado pero eliminar enseguida los tarros contaminados y limpiar muy bien los tarros y habitáculo en los que han estado.

Cobweb o Dactylium Mildew (Hypomyces sp.)

Se trata de un micelio algodonoso que crece sobre el casing. Cuando está en contacto con una seta, el micelio pronto envuelve a la seta con un moho suave y produce putrefacción. También es un parásito de las setas silvestres.

Otro factor que indica esta contaminación es la velocidad de crecimiento; una pequeña mancha del tamaño de una moneda de diez céntimos se extenderá para cubrir un tarro entero o casing en sólo un día o dos. El cobweb está formado por filamentos mucho más finos que el micelio. Esta contaminación se ve favorecida por la alta humedad.

Trichoderma harzianum, T. viride, T. koningii (moho verde)

Se caracteriza por ser un micelio agresivo blanco que crece sobre el casing y en hongos, causando un decaimiento. Masas de esporas de Trichoderma finalmente forman una superficie color verde esmeralda. Es necesario desinfectar a conciencia si encontramos esta contaminación para que no vuelva a aparecer. Estos hongos son comunes en el serrín y son comunes a la hora de cultivar setas.

A menudo se confunde el Trichoderma con Penicillium o Aspergillus, siendo los tres muy similares y difíciles de distinguir sin el uso de un microscopio.

Purpurescens Sporendonema (candidium Geotrichum)

Este hongo coloniza compost y casings. Conforme maduran las esporas el color va cambiando del blanco al rosa, pasando al rojo cereza, naranja y finalmente mate. De crecimiento lento, sus esporas se propagan a través del aire. Es una contaminación poco común y su control se basa en la higiene.

Moho Rosa o Neuroespora

Comúnmente se ve en agar y en grano. La neuroespora es de rápido crecimiento, tardando a veces sólo 24 horas en colonizar totalmente una placa Petri. Es ubicuo en la naturaleza, crece en el estiércol, el suelo y la materia vegetal en descomposición. Este hongo crece a través de tapones de algodón y de filtros, por lo que un frasco único contaminado, aunque cerrado, puede diseminar las esporas a frascos adyacentes, sobre todo si la humedad externa es elevada. Las Neuroespora germinan más fácilmente a temperaturas más elevadas. Todos los cultivos infectados deben ser retirados lo antes posible del laboratorio y destruidos. Una limpieza a fondo es absolutamente necesaria.

Moho verdeazul o Penicilium

Producen en el sustrato una abundante cantidad de esporas verde-azuladas al igual que el Aspergillus.

Penicillium utiliza los carbohidratos simples, celulosa, almidón, grasas y lignina. Estos hongos son muy comunes en el cultivo de setas y son unas de las principales preocupaciones en el cultivo en agar y grano. Las esporas están en el aire en todas partes.

Aspergillus

Es común en el cultivo en agar, grano y compost. Se encuentra prácticamente en cualquier sustrato orgánico. El Aspergillus prefiere un pH cercano al neutro o ligeramente básico. Las especies varían en color desde al amarillo hasta el negro pasando por el verde, siendo éste el color más frecuente y similar al Penicillium.

El Aspergillus niger, como su nombre indica, es de color negro; el Aspergillus flavus es de color amarillo; clavatus Aspergillus es de color verdeazulado. Aspergillus fumigatus es verde grisáceo, y Aspergillus veriscolor exhibe una variedad de colores (verde-rosado-amarillento). Estas contaminaciones, como muchas otras, cambian de color y apariencia de acuerdo al medio en el que se producen. Algunas especies son termófilas.

 Esta contaminación puede crecer prácticamente en todos los tipos de grano, y es de una gran preocupación para los productores de micelio. El manejo cuidadoso de las contaminaciones, sobre todo del género Aspergillus, debe ser una responsabilidad primaria en todos los trabajadores en granjas de setas

Rhizopus

Se trata de un hongo de crecimiento muy rápido; una vez que esporula, forma muchas hifas aéreas adornadas con cabeza negra.

Crece en hidratos de carbono fácilmente disponibles. Junto con Aspergillus y Penicillium las especies de este género son los contaminantes principales del grano. También es muy común en la paja.

Verticillium

Produce esporas pegajosas; los síntomas varían con la etapa de desarrollo del hongo en el momento de la infección. Una infección temprana en la etapa de formación de primordios se traducirá en malformaciones de estos, que se vuelven de un color gris-marrón. La infección en una etapa más avanzada causa un engrosamiento del estípite especialmente en la base, así como una seta con sombrero torcido inclinado hacia atrás y el tallo pelado. Puede ocurrir en una fase muy avanzada del desarrollo del hongo, dando lugar a manchas circulares superficiales, que van de color marrón claro volviéndose grises con la edad. Las esporas pueden permanecer inactivas hasta que entran en contacto con el micelio de hongo que estimula su crecimiento.

Debido a que las esporas son pegajosas, esta enfermedad se extiende a través de las partículas de polvo por el movimiento de tierra, ventiladores, a través de insectos, recolectores, salpicaduras de agua, o incluso ácaros. *Recopilación de:* http://www.shroomery.org/5276/What-are-common-contaminants-of-the-mushroom-culture

BLOQUE IX

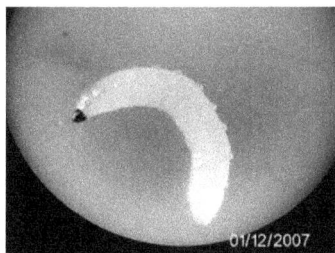

01/12/2007

SOBRE LOS ENEMIGOS

DE LA SETA

Parásitos, enfermedades y otros

¡Ni son todos los que están, ni están todos los que son..!

En todos los ecosistemas existen multitud de seres que comparten hábitat, a veces con una lucha feroz y permanente entre ellos para posicionarse. Pueden llegar hasta eliminarse unos a otros por ser los dominantes en ese hábitat o servirles de alimento. Es indiferente, vivos o muertos.

En este apartado es mucho lo que hay que investigar. Nos quedamos en la superficie lisa y llanamente porque SE DESCONOCE y en nuestros trabajos no estamos profundizando, al menos en estos momentos. Dentro de nuestros objetivos a medio plazo está el estudio primario de nuestro hongo y la planta. Somos conscientes de su importancia y que estos llamados "enemigos" causan grandes daños a nuestra seta. Pienso que de ahora en adelante habrá otras personas que se encarguen de investigar más a fondo, nosotros seguiremos con los medios de que disponemos aportando nuestro pequeño "granito de arena". Expongo algo de lo que he recopilado sacado de algunos artículos y publicaciones que nos pueden ayudar porque pienso que estos que denomino "enemigos de nuestra seta" son verdaderamente los que dañan, bien al hongo o a la planta.

PLAGAS Y ENFERMEDADES:

- PLAGAS:

COLÉMBOLOS:

Son insectos diminutos sin alas que forman pequeñas galerías, secas y de sección oval en la carne de los hongos. Se encuentran en gran cantidad entre las laminillas que hay bajo el sombrero de las setas. También pueden atacar al micelio si el sustrato está demasiado húmedo. Destaca la especie Hypogastura armata.

DIPTEROS:

Los daños lo causan sus larvas que comen hifas del micelio, hacen pequeñas galerías en los pies de las setas y luego en los sombreros. Destacan algunas especies de mosquitos de los géneros Lycoriella, Heteropeza, Mycophila y moscas del género Megaselia.

Para el control de colémbolos y dípteros se recomiendan medidas preventivas como colocación de trampas con atrayentes para atrapar los adultos. En la industria se utilizan insecticidas como el diazinón o malatión en polvo mezclados con el sustrato, nebulizaciones con ensosulfán o diviovos, etc..

En nuestro caso ya que perseguimos el cultivo de la seta de forma silvestre en su hábitat natural no es recomendable la utilización de estos compuestos. Nos inclinamos por la colocación de trampas en algunos lugares estratégicos de nuestros parterres.

Fvg.- Trampa artesanal para captura de insectos.

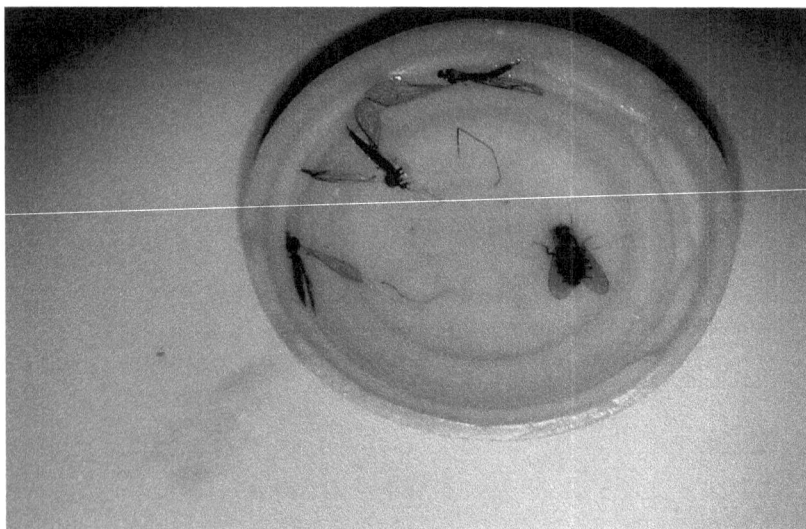

Fvg.- Algunos dípteros atrapados en las trampas. Son los más lesivos, realizan la puesta de huevos en la base del pie de la seta y entre las laminillas. Las larvas son la que provocan los grandes DAÑOS.

Pretendemos tratar todo lo relacionado con el hongo Pleurotus Eryngii de forma ecológica, sin trastocar su ecosistema, y menos aún, con la inclusión en él de cualquier agente químico como los insecticidas u otros análogos para combatir las plagas y enfermedades de la seta.

En todo este tiempo que se llevan realizando los trabajos, he podido constatar que no son pocos los "seres" que atacan a nuestra seta. Algunos microscópicos y otros que se dejan ver, se les puede seguir el rastro fácilmente por los destrozos que originan. Unos atacan entre la intersección del pie de la seta con el "cepellón" del cardo y otros entre las laminillas y la cutícula. Son principalmente las larvas las que en pocas horas o días causan los daños alimentándose y configurando esas galerías que se aprecian a simple vista al cortar algún ejemplar.

Es un gran problema y no hay mucha bibliografía que trate el tema tal como nosotros lo estamos enfocando. Sí que se pueden ver muchos estudios sobre plagas y enfermedades de otros muchos hongos pero están realizados en base a conseguir las producciones en locales acondicionados, con sustratos debidamente procesados y tratados, en una palabra para conseguir producciones a nivel industrial en lo que se persigue es una alta rentabilidad mediante producciones masivas. Para este tipo de cultivo se han establecido protocolos de manejo en todas las fases que van desde cómo preparar los sustratos hasta como combatir esas plagas y enfermedades con la aplicación de productos químicos en dosis adecuadas.

Cuanto más avanzada en el tiempo se encuentre la temporada en la que brota nuestra seta, más numerosos y virulentos son los ataques que sufre. En noviembre y diciembre la humedad ya es excesiva y si las temperaturas no son demasiado bajas proliferan muchos insectos (dípteros...), babosas, bacterias, mohos y hongos que como si se pusieran de acuerdo, van al encuentro de las setas causando innumerables daños. Atacan por todos los frentes, por la raíz de lo que queda del cardo hasta llegar al pié de la seta, por las laminillas perforando el micelio haciendo pequeñas galerías y alimentándose de él, otros comiendo la parte superficial de la cutícula y dejando grandes hendiduras y las bacterias y otros hongos que formando colonias dejan las setas con pequeños "rosetones" circulares de coloraciones diversas.

Con la incorporación de algunos riegos en el periodo estival, hemos logrado brotaciones prematuras adelantando considerablemente el comienzo de la recolección, nos han confirmado que los ataques son menores ya que en los meses de agosto, septiembre y octubre todavía no se han dado las condiciones idóneas para la proliferación de todo ese arsenal de enemigos de nuestra seta.

Hemos podido constatar que forzando con algunos riegos el que la seta brote antes, es suficiente para que el problema sea algo menor.

El porcentaje de ejemplares recolectados con visibles síntomas de haber sido atacados es muy bajo con respecto a lo que hemos podido comprobar ya avanzado el otoño. En todas las zonas inoculadas en las que hemos provocado que las brotaciones se produjeran a finales de agosto, el porcentaje de setas dañadas ha sido prácticamente inexistente, incluso habiéndolas dejado en el terreno más tiempo de lo que es aconsejable.

A falta de procesos concretos que pudiéramos aplicar para combatir a algunos de estos enemigos, hemos optado por la implantación de alguna medida de tipo preventivo. No se pueden ofrecer resultados concluyentes ya que no se ha llegado a completar y baremar, seguimos trabajando en esta cuestión por la relevancia que tiene.

Hemos colocado trampas para insectos repartidas por algunas de las zonas en las que hemos inoculado. Estas trampas tienen como finalidad atraer a los insectos y atraparlos en su interior. Como atrayente hemos optado por aplicar una receta que se puede ver por internet y que parece ofrecer buenos resultados según aquellos que la han utilizado para distintos cultivos hortícolas. Se prepara de forma artesanal y sin lugar a duda podemos decir que es "ecológica".

- RECETA TRAMPA PARA INSECTOS:
    o Botella de 2 litros.
    o 50 gr. de azúcar.
    o 1 gr. de levadura.
    o 200 gr. de agua.

Una vez realizada la combinación de ingredientes, hemos procedido a repartir el contenido de unos 5 litros en aproximadamente 25 contenedores más pequeños que son la trampa en la que deben de caer todo tipo de insecto que sea atraído por el olor.

Como funciona, el porqué, y como hacerla, lo podéis ver en muchas páginas de la red. Hemos podido comprobar que funciona, son muchos los insectos que hemos capturado, pero no podemos dar un resultado serio sobre si esto ha repercutido en que los perjuicios a la seta hayan disminuido.
Es una cuestión preocupante. He creído conveniente incrustar algo que he visto publicado y que me parece muy interesante.

Artículo publicado:

Investigadores de la Universidad Politécnica de Madrid (UPM) han descubierto un nuevo parásito que ataca a la seta de cardo silvestre. El parásito deprecia la seta impidiendo su comercialización ya que, aunque no existen indicios externos de la parasitación, las larvas devoran el interior de la seta, la dejan prácticamente hueca y varían su sabor.

Como resultado de un trabajo de investigación sobre la entomofauna asociada a la seta de cardo, realizado en la Escuela Técnica Superior de Ingenieros de Montes de la Universidad Politécnica de Madrid, se ha identificado un "mosquito" que parasita a este tipo de seta en sus primeros estadios de crecimiento.

El insecto coloca los huevos en el interior del hongo y, de este modo, se desarrollan conjuntamente seta y parásito. El cuerpo interior de la seta es el alimento de las larvas. En ocasiones se pueden llegar a encontrar hasta 30 larvas por seta.

Cuando las larvas han alcanzado el máximo desarrollo -hasta un centímetro de longitud- abandonan la seta y bajan al suelo para terminar su evolución enterrándose y encerrándose en un pupario en forma de capullo. A los pocos días emergen nuevos "mosquitos" adultos que volverán a parasitar a las setas que van apareciendo en la pradera. El parásito más dañino del cardo.

Es la primera vez que se cita este díptero parasitando a la seta de cardo silvestre. Por los datos extraídos durante la investigación, se considera como uno de sus parásitos más dañinos ya que se han cuantificado parasitaciones en el 20% de las setas colectadas en las parcelas en las que se realizó el estudio.

Los resultados del trabajo de campo han conseguido definir relaciones parásito-hongo nunca antes descritas. Actualmente los estudios se centran en la búsqueda de atrayentes específicos que emite la seta justo en el estado de crecimiento en el cual el insecto es atraído para efectuar la puesta.
El objetivo final es realizar una posible lucha biológica en campo a través de trampas de captura selectivas.

Referencia bibliográfica:.Tobar, V., Notario, A., Castresana, L. "Tarnania fenestralis (Meigen, 1818) (*Diptera: Micetophilidae*) associated with the fungus *Pleurotus eryngii* (DC.) Quel." *Forest Systems* 19 (3): 299-305. Diciembre de 2010.
Fuente: Universidad Politécnica de Madrid

¿Quién es el insecto TAN LETAL?

¡Es este de la foto!. No parece gran cosa…. ¿verdad?

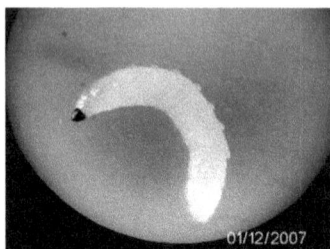

Larvae. Ocular SWF5. **Tarnania fenestralis**

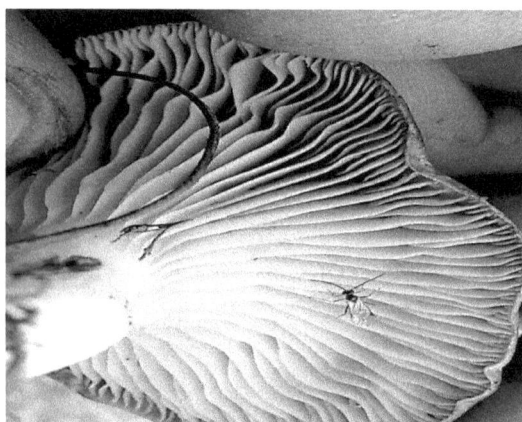

Fvg.- *(14/11/201). Díptero dispuesto a realizar la puesta de huevos entre las láminas de la seta. De la eclosión de esos huevos nacerán larvas que se incrustarán entre los pliegues de los carpóforos para alimentarse.*

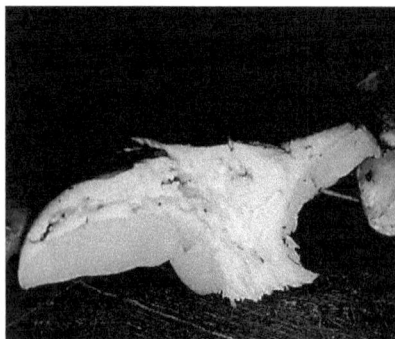

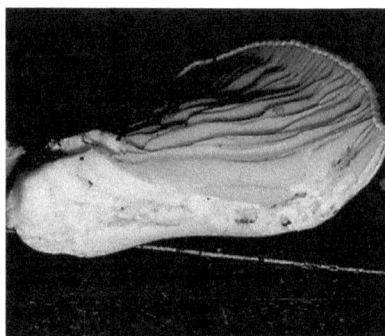

Fvg.- *(20/10/2013) .Corte de ejemplares invadidos por el llamado "gusano de la seta". Son larvas de dípteros.*

Fvg.- (20/11/2013). Seta completamente invadida por larvas. Los puntos negros son la cabeza de las larvas.

- **GUSANOS Y BABOSAS:**

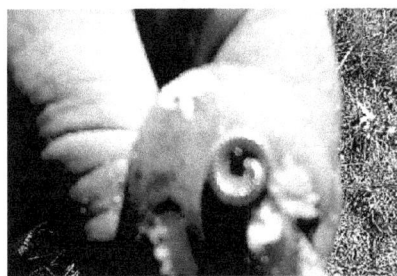

Fvg.- (8/11/2013). Ejemplares atacados por gusanos y babosas

Fvg.- Insecto de la familia de los "milpiés".

Fvg.- (10/2014). Pelurotus Eryngii var. Tapsiae (sobre raíces de Thapsia Villosa) atacadas por algún gusano o "babosa".

- **ENFERMEDADES**

Fvg.- (15/01/2014). Setas que han estado bastante tiempo en el terreno. En estas fechas tardías las setas tienen un aspecto poco agradable en su cutícula debido al asentamiento de bacterias y otros hongos que las invaden favorecido por el exceso de humedad.

Cuando ya está muy avanzada la temporada y en especial cuando el fruto de nuestro hongo lleva mucho tiempo en el terreno, son muchos los agentes que le pueden atacar y lo detectamos en su parte visible "la seta". Estas ya no están para que las consumamos.

Los ataques masivos se originan a mediados del mes de noviembre y diciembre, cuando el suelo está saturado si ha habido excesivas precipitaciones. Ya por esas fechas no se suelen recolectar muchos ejemplares, la temporada ha llegado a su final, pero son muchos los microorganismos que producen enfermedades letales al hongo.

Cuaderno de Campo
I
Primeras Inoculaciones

Julio/2012

CUADERNO

DE

CAMPO

Nota: Los apuntes tomados en este cuadernillo corresponden al periodo comprendido entre julio/2012 y la primavera de 2013. Son las fechas de las primeras

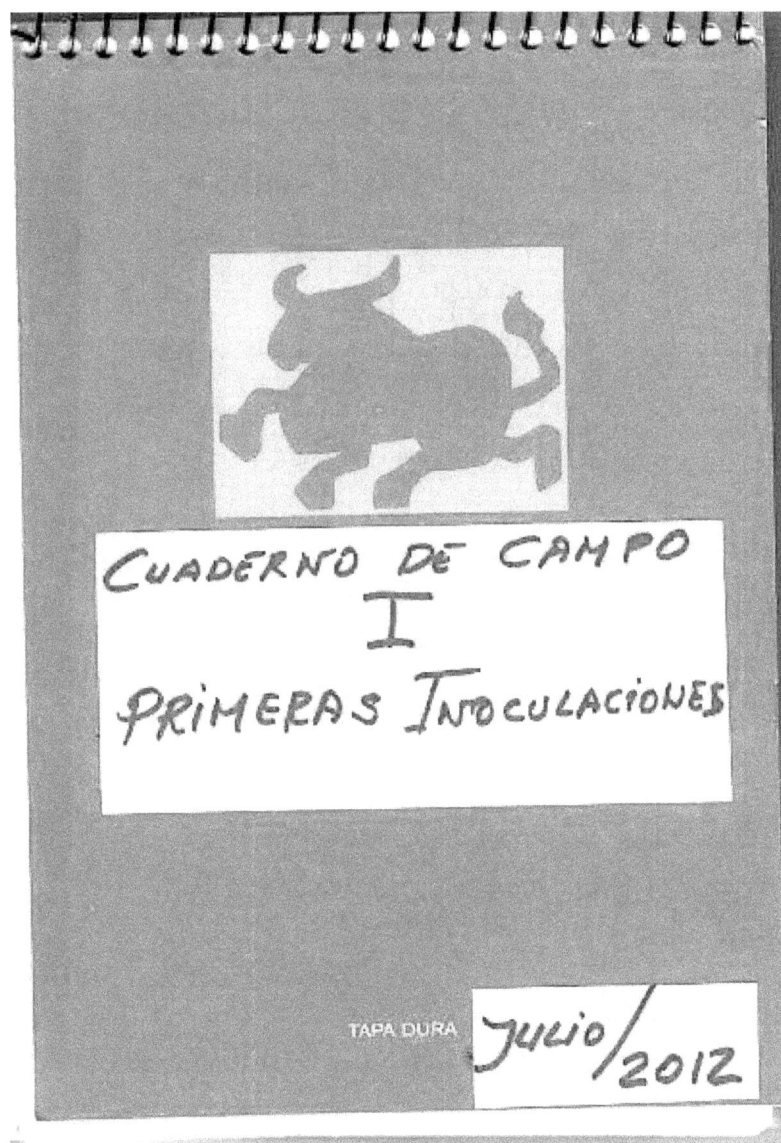

CUADERNO DE CAMPO
I
PRIMERAS INOCULACIONES

TAPA DURA   JULIO/2012

PROCESO DE INOCULACIÓN

- Adquisición de 1 litro de MICELIO de la seta "Pleurotus Eryngii" (Seta del cardo) para proceder a la inoculación de raíces de cardos individuales que han brotado en la parcela, ~~ste~~ que dedicamos a nuestro estudio.

- Se inocula en 18 puntos distantes de la parcela y se señalizan convenientemente para su seguimiento. Al sobrar micelio se utiliza en otra zona que denominamos MUESTRA N° -0-.

↳ sigue

- Se inoculan otras 4 <u>zonas</u> fuera de la parcela. Es una parcela mucho mas pequeña situada a 1 Km que se estaba dedicando al cultivo de verduras y hortalizas como HUERTO. Existen zonas que no se han sembrado y en las que existen cardos, aunque de pequeño tamaño.

Las denominamos zonas de muestras Nº <u>19 - 20 - 21 y 22</u>

En total con 1 litro del micelio se han inoculado 23 <u>puntos</u>.

NOTA: Se ha procurado que no esten juntos y la certeza que NUNCA HAN BROTADO St.

- Una vez realizadas las inoculaciones se han delimitado las zonas señalizando cuadrados de una superficie entre 1 y 2 m².

- Se realiza un conteo aproximado del nº de cardos visibles que hay en cada zona para que nos ayude en el seguimiento de propagación del micelio.

- Las inoculaciones se han realizado a una profundidad por debajo del nivel del suelo de entre 7 y 10 cm.

- Se ~~redescubre~~ descubre al de la raíz ⟶

dejándola visible a esa profundidad o inmediatamente se deposita a su alrededor el micelio. La cantidad ha sido de entre 25 y 40 ml por inoculación dependiendo del tamaño de los cardos y sobre todo el GROSOR DE LA RAIZ.

NOTA: En algunas muestras en el proceso de descubrir la raíz se la ha realizado un pequeño "raspado" (HERIDA) pensando que el hongo encontraría una mayor facilidad para invadirla.

SE REALIZARA CONTROL y SEGUIMIENTO

- Una vez depositado el micelio alrededor de la raíz, se procede a la cobertura con la misma tierra que hemos evacuado al descubrirla.

Se riega para que no se produzca deshidratación.

En el 80% de las inoculaciones se riega cada 7 a diez días aproximadamente dependiendo de las precipitaciones que se hayan producido en agosto y septiembre.

- Se han observado RESULTADOS POSITIVOS ya a finales de agosto y primeros de septiembre

SIETE

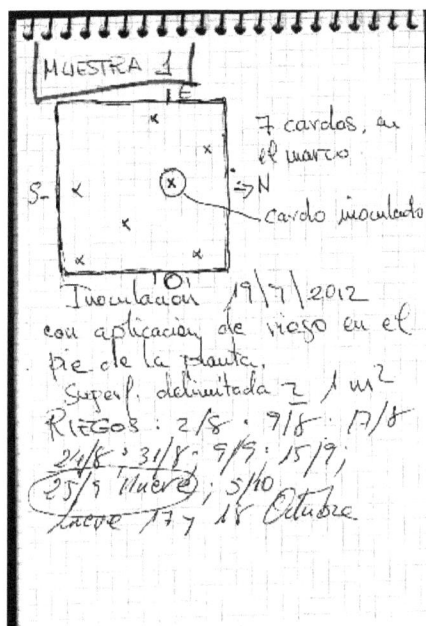

MUESTRA 1

7 cardos, en el marco
cardo inoculado

Inoculación 19/7/2012 con aplicación de riego en el pie de la planta.
Superf. delimitada ≈ 1 m²
RIEGOS: 2/8 · 9/8 · 17/8
24/8 · 31/8 · 9/9 · 15/9
25/9 (muere) · 5/10
llueve 17 y 18 Octubre

Zona de muestra 1

Resultado:
NEGATIVO

Observaciones:
Cardos pequeños. Terreno compacto y pedregoso. Se realiza seguimiento en 2013.

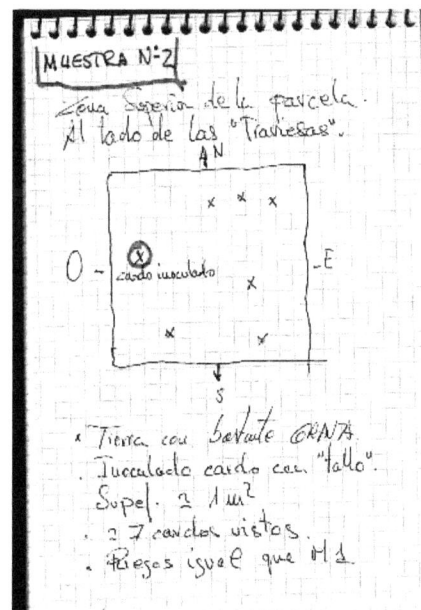

MUESTRA Nº 2

Zona Superior de la parcela. Al lado de las "Traviesas".

O — cardo inoculado — E

· Tierra con bastante GRAVA.
· Inoculado cardo con "tallo".
· Supef. ≈ 1 m²
· ≈ 7 cardos vistos.
· Riegos igual que M 1.

Zona de muestra 2

Resultado:
NEGATIVO

Observaciones:
Igual que lo descrito en la muestra 1.

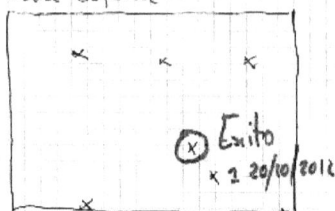

MUESTRA Nº3

Zona superior

×   ×   ×

(×) Éxito
× 2 20/10/2012

×

- Sobre cardo sin "tallo".
- Sup. ≥ 1,5 m²
- Tierra Pedregosa
- Riegos igual que M1

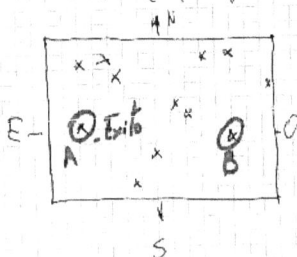

MUESTRA Nº4

Al lado del Transformador

↑N

× →
× ×   × ×
E - (×) Éxito   × × (×) - O
    A   B
        ×

↓
S

× Se inoculan 2 cardos separados 50 cm. y con "tallo".

× Más de 12 cardos
× Suelo MUY ARENOSO
× Riegos igual que M1.

Zona de muestra 3

Resultados: POSITIVO

Observaciones: Aprox. A los dos meses de la inoculación brotó una seta de pequeño tamaño. Se realiza seguimiento 2013

Zona de muestra 4

Resultado: POSITIVO

Observaciones: *En esta zona los resultados han sido muy positivos. En octubre/2012 brotó una seta exactamente en la zona inoculada A. En mayo/2013 broto otra seta a unos 50 cm de distancia de la anterior con lo que nos confirma que el micelio se había propagado a otro cardo. En junio/2013 brotó una nueva seta en el otro punto*

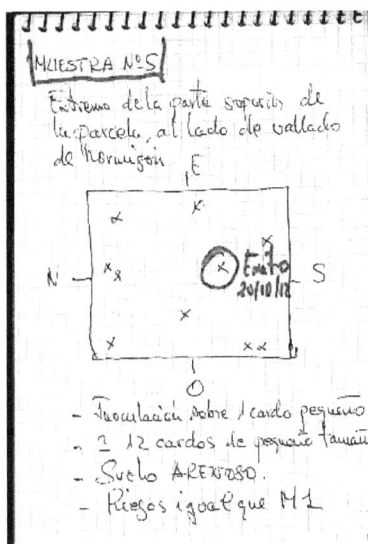

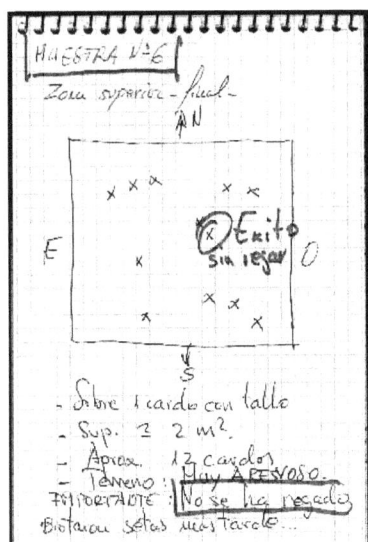

Zona de muestra 5

Resultados: POSITIVO

Observaciones: En octubre/2012 brotó una seta de pequeño tamaño. Se realiza seguimiento 2013

Zona de muestra 6

Resultado: NEGATIVO

Observaciones: Zona bastante irregular en la que no se pudo realizar los riegos de forma adecuada.

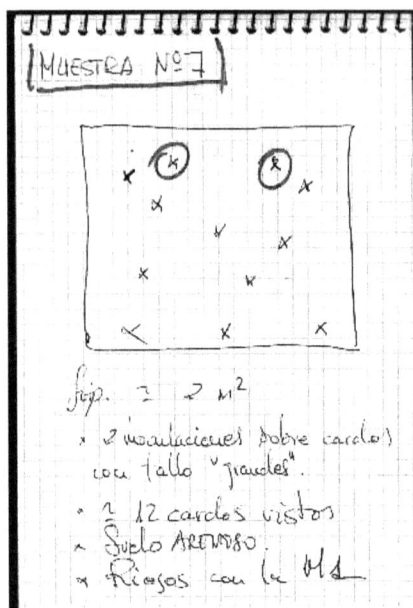

Zona de muestra 7

Resultados: POSITIVO

Observaciones:

Zona en la que no brotó ninguna seta en el punto de inoculación en octubre-noviembre/2012. So lo hizo en mayo/2013, crecieron 3 de mediano tamaño juntas.

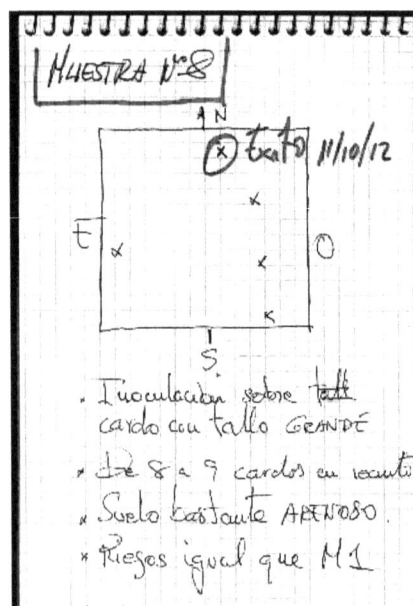

Zona de muestra 8

Escanear

Resultado: POSITIVO

Observaciones: Zona en la que nos brotó una seta en el punto de inoculación en octubre-noviembre/2012. No lo hizo en mayo/2013

Zona de muestra 9

Resultado:
POSITIVO

Observaciones:
Zona en la que
brotó un grupo de
setas de pequeño
tamaño todas
juntas en
octubre/2012. No
lo hizo en
mayo/2013.

**Zona de muestra
10**

*Resultado:
POSITIVO*

*Observaciones: Zona
en la que brotó seta
en octubre/2012. No*

Zona de muestra 11

Resultado: POSITIVO

Observaciones: Zona en la que brotó seta en otoño/2012 en el punto exacto de inoculación. En mayo-junio/2013 brotaron 2 nuevas setas a unos 80 cm. de distancia del punto de inoculación anterior.

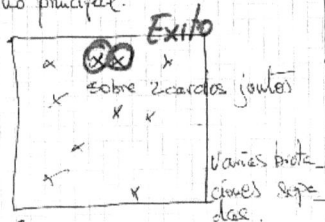

Zona de muestra 12

Resultado: POSITIVO

Observaciones: Zona en la que brotó seta de mediano tamaño en octubre y noviembre/2012 en el punto de inoculación. En mayo no se apreció resultado positivo.

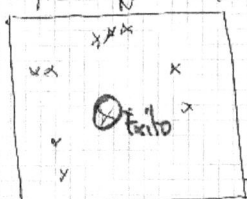

Zona de muestra 13

Resultado: NEGATIVO

Observaciones: Zona en la que no brotó ninguna seta, ni en otoño ni en primavera.

Zona de muestra: 14

Resultado: POSITIVO

Zona de excelentes resultados.

En otoño/2012 setas en los dos puntos inoculados. En uno de ellos dio hasta dos veces con numerosas setas agrupadas y de un buen tamaño. En mayo-junio/2013 se vuelve a ver setas hasta en tres puntos distintos a los inoculados. A una distancia entre 20 y 60 cms. En todos los puntos que han nacido las setas no se ve el cardo con lo que parece confirmarnos que el micelio ha MATADO a la planta y la seta brota sobre su raíz descomponiéndola.

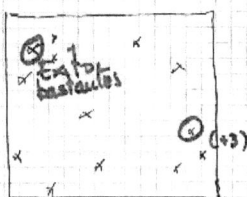

Zona de muestra 15

Resultado: NEGATIVO

Observaciones: Dificultad en ver la zona de inoculación ya que debido a tránsito de tractor y maquinaria se ha perdido la demarcación.

Zona de muestra 16

Resultado: POSITIVO

Observaciones: Varios ejemplares juntos en octubre/2012. Pequeño tamaño.

Zona de muestra 17

Resultado: NEGATIVO

Observaciones: Al igual que la anterior no se han visto resultados positivos. Esta zona de muestra también ha sido transitada frecuentemente por maquinaría debido a trabajos que se han realizado en sus proximidades. Seguir observando.....

Zona de muestra 18

Resultado: NEGATIVO

Observaciones: En esta zona no se obtuvieron resultados. Zona que no se regó, esto pudiera haber influido en la no consecución de resultado positivo. Zona muy transitable por vehículos y maquinaria.

Zona de muestra 19

Resultado: POSITIVO

Observaciones: Los cardos son de pequeño tamaño; sin embargo han brotado setas en otoño/2012 y primavera/2013

Zona de muestra 20

Resultado: POSITIVO

Observaciones: Igual que la zona de muestras 19. Pocos cardos y pequeños pero hemos tenido brotaciones.

PASADO, PRESENTE Y FUTURO.-

- ## PASADO [....]

Iniciamos los trabajos en el verano del 2012 con un único propósito, conseguir que la seta de cardo brotara por toda la superficie de una parcela en la que ya lo hacía de forma espontánea, pero siempre en las mismas zonas; sin embargo, no lo hacían en otras con idénticas características.

En el mes de julio de ese año adquirimos el primer lote de micelio (1 litro) de éste hongo. Siguiendo las breves instrucciones que proporcionaba la empresa de suministro, procedimos a inocular las raíces de 24 cardos situados en zonas en las que nunca se habían recolectado setas.

Las zonas seleccionadas estaban muy distantes unas de otras, tenían en común que disponían de la materia prima (cardos), aunque nacidos en terrenos con distinta textura y composición. Otra singularidad era que en esos puntos y alrededores nunca se habían recolectado setas.

A finales del mes de agosto, y durante los primeros días de septiembre, se empezaron a ver algunos ejemplares en puntos en los que se inoculó. Se habían conseguido los primeros resultados positivos, no solo que las inoculaciones hubieran tenido éxito, además, y esto es MUY IMPORTANTE, se había logrado adelantar considerablemente las fechas en las que, en condiciones normales, esta seta se recolecta por la comarca.

El adelanto había sido provocado por la aportación de algunos riegos a partir de la fecha de inoculación hasta la llegada de las primeras lluvias a finales de agosto. Las zonas se regaron en los meses de julio y agosto.

En el otoño y la primavera siguiente se sucedieron las inoculaciones con resultado positivo, llegando a producir brotes en casi la totalidad de las plantas inoculadas (90 %), el micelio avanzaba colonizando nuevos espacios, se estaban creando y consolidando nuevos setales. A fecha de hoy estos *"corros"* continúan produciendo setas.

- ## PRESENTE [....]

Animados, y con el optimismo que aportaban los resultados que se iban obteniendo, ampliamos a nuevos espacios con más inoculaciones. Estas ya no se hacían tan distantes unas de otras y con la perspectiva de abrir nuevas líneas de trabajo e investigación. A fecha de hoy son más de 350 las realizadas en las que se hemos conseguido altos porcentajes de éxito.

Algunas se han seguido haciendo en la misma parcela en la que se comenzó y que nos ha servido como laboratorio para nuestros trabajos, otras en otras parcelas que reunían similares características; es decir, que hubiera cardos y nunca hubieran brotado setas.

Se están consiguiendo los resultados esperados, han brotado setas y esperamos lo sigan haciendo aumentando progresivamente los setales a medida que el micelio progrese y avance. En estas parcelas no se riega al no disponer de la infraestructura para aportar agua durante el verano, esto ha hecho que no se consiga el adelanto tal como ocurre en la parcela de nuestras primeras inoculaciones en la que el aporte hídrico es vital para el adelanto de la producción.

Durante estos cuatro años transcurridos desde que iniciamos el proyecto, se han programado diversas líneas de actuación, algunas dirigidas directamente hacia el hongo y otras a la planta que lo sustenta, muchas se están procesando y aún no se pueden ofrecer resultados definitivos.

Una de las más ambiciosas a la que se está dedicando una especial atención, es a la siembra de cardos en parcelas no productivas. Otra vertiente, en el intento de siembra de la planta, la enfocamos hacia la repoblación de los "setales" que están llegando al "agotamiento" por carecer de la materia prima, la planta. Aunque no lo hemos mencionado de forma expresa es el momento de decir que el **MAYOR ENEMIGO DE ESTA PLANTA ES EL PROPIO HONGO, NUESTRA SETA.**

El hongo Pleurotus Eryngii parasita el *"cardo"* y se nutre de él, LO MATA. Podemos afirmar que cuánto más setas broten menor será el número de plantas que potencialmente quedan para producir nuevos ejemplares.

Se han realizado siembras selectivas en las "calvas" que aparecen en los lugares que producían setas y quedaron esquilmados los cardos.

Simultáneamente se han realizado trasplantes de plantas de semillero y se están probando distintos métodos de siembra en pequeños parterres. Consideramos suficientemente probado la importancia que tiene la planta a la que se asocia el hongo, pero esto no quiere decir que no se sigan realizando estudios y pruebas con él, estamos inoculando con micelio preparado por nosotros y son muchos los cardos que se han procesado con distintas "recetas" preparadas en diferentes sustratos iniciadores. Los resultados que se van obteniendo son esperanzadores.

Otra línea abierta es la conservación de la seta para disponer de ella en las condiciones idóneas para su consumo en fechas fuera de temporada.

Estamos profundizando en el estudio y clasificación de los parásitos y enfermedades que atacan el fruto de este hongo de forma tan virulenta y encontrar remedios para aminorarlo. Se están probando trampas para atrapar insectos y sembrando plantas que los ahuyenten. Y ello respetando el ecosistema aplicando productos ecológicos no agresivos. Se están sembrando zonas con plantas que repelan a los insectos, especialmente dípteros cuyas larvas son las que causan, lo que por esta comarca se conoce, como "agusanado de las setas".

• FUTURO [....]

Durante el 2015 hemos dedicado gran parte del tiempo y recursos a repoblar parcelas con Eryngium Campestre. Se han sembrado dos hectáreas más con la finalidad de que el cardo corredor se asiente en terrenos en los que no los había.

El método de siembra utilizado ha sido principalmente a voleo. Previamente tuvimos que hacer acopio de semillas suficientes para cubrir la totalidad de la superficie y dejar un pequeño remanente para otro tipo de pruebas en semillero. Desconocemos la densidad de semillas a aportar, los resultados de las muestras de siembra nos indicarán el porcentaje más adecuado. Os recuerdo que no hay estudios sobre el comportamiento de esta planta y menos aún en cuanto a las labores culturales que necesita para un mejor desarrollo vegetativo de la planta.

Hemos acondicionado semilleros al aire libre y bajo cubierta, se han realizado trasplantes y estaquillados de plántulas en parterres controlados. Hay que contrastar los resultados que se obtengan con las siembras directas en el terreno.

Los sistemas de siembra por los que hemos optado han sido a voleo y en surcos. Estos trabajos han venido precedidos de las labores culturales necesarias y de acondicionamiento del suelo. Sabemos que el cardo es una planta poco exigente y que se adapta bien en estas latitudes.

Algunas de las zonas en las que la siembra se hizo el año anterior ya empiezan a ofrecer resultados positivos. Pensamos que este año será crucial y nos indicará si lo que se está haciendo va por el cauce deseado. En algunos parterres se está dejando el cardo que se desarrolle sin realizar inoculaciones, pretendemos ver como evoluciona y, aunque a más largo plazo, comprobar el porte que va alcanzando transcurridos algunos años (al segundo o tercer año). Sabemos que es una planta perenne, pero no sabemos cuántos años puede estar en el terreno.

En la campaña de 2016 ya hemos recolectados setas en todas las zonas en las que hemos inoculado. En las primeras avanzaron los "setales" y se están consiguiendo buenos rendimientos.

Como es obvio, a medida que se han ido realizando nuevas inoculaciones, la producción de setas ha ido en aumento. En la parcela principal antes de empezar nuestro proyecto ya se recolectaban entre 15 y 25 kg de setas sin hacer nada.

Actualmente en esa parcela ya se han recolectado en la campaña pasada aproximadamente entre 40 y 45 kg., pero el logro más importante conseguido ha sido adelantar las brotaciones entre 30 y 40 días suministrando tres o cuatro riegos en pleno verano. Tiene especial relevancia porque es esas fechas todavía no se recolectan setas por la comarca en un año de los consideramos normales meteorológicamente hablando. Cuando para nosotros terminaba la campaña en otros lugares solo había hecho que empezar. Fuera de nuestros recintos la temporada suele durar mucho menos ya que no son tantos los días propicios para que sigan brotando setas. Enseguida se suceden las bajas temperaturas y los excesos de humedad, y lo que es aún peor, en esas fechas (noviembre) los ejemplares que se ven suelen estar invadidos por muchos parásitos dejando las setas no aptas para el consumo, feas y agujereadas. En otoños de excesiva humedad, con lluvias copiosas y continuadas, las pérdidas ocasionadas por insectos y otros microorganismos pueden ser superiores al 40%.

Las que se recolectan a finales de agosto, o primeros días del mes de septiembre, están libres de parásitos, todos los ejemplares están completamente sanos si no se dejan en el terreno mucho tiempo. Como ya hemos comentado esto se consigue con la adición de algunos riegos que se suministren entre el mes de julio y agosto. Sabemos lo importante que es la aportación hídrica en esas fechas para que sea un buen año para esta seta.

La cantidad que estamos recolectando actualmente es excesiva para el consumo de una familia, incluso varias, aunque sea a lo largo de todo el año. Esto es lo que hemos venido haciendo hasta ahora, parte ha sido para el consumo familiar, algunas (kilos) se regalaba a los amigos y el resto se procesaron convenientemente para un consumo fuera de temporada.

Este año, y los siguientes, la producción será muy superior y quizás sea el momento de pensar en la comercialización. La ampliación de los terrenos inoculados hace que se tengan que proteger de alguna manera esos nuevos espacios, este será otro de los trabajos a emprender.

A corto plazo veremos cómo evolucionan las siembras de cardos así como las inoculaciones   con micelio PROPIO preparado de cepas de setas recolectadas de estas parcelas.

Un cálculo aproximado de lo que puede producir una Ha. estaría en torno a 300 kg. Con esta producción, y si se dedica a ello alguna Ha. más, ya habría que pensar, y muy en serio, en dedicarse de PLENO A LA COMERCIALIZACIÓN. Estamos en ello...

En relación a los trabajos de acondicionamiento de los terrenos, os adelanto algunas de las labores que hemos realizado:

- Arado superficial de una parcela de una Ha. (gradeo).
- Siembra a voleo de toda la superficie. Previamente se realizó acopio de semillas.
- Pase de un rulo inmediatamente después de la siembra.
- División de la parcela en tres zonas de igual superficie.
- A finales del mes julio en una de las tres zonas se procederá a realizar inoculaciones. Una por cada 15 metros cuadrados.
- El resto de zonas este año no se inoculan. Se intenta que los cardos se consoliden y vayan adquiriendo un mayor porte. Deseamos que las raíces sean de un buen grosor.
- El segundo año se inoculará otra de las zonas. De la primera se esperan recolectar setas aunque estas no sean de gran tamaño debido a que los cardos en un año no han podido desarrollarse por completo. Las raíces tendrán un diámetro entre 0,3 y 0,7 cm.
- El tercer año ya se recolectará de la zona primera y segunda y se procederá a inocular la tercera.
- El cuarto año tendremos toda la hectárea produciendo y lo hará durante algunos años.
- La superficie de terreno en el que se recolectarán setas será aproximadamente de 1/3 de la superficie y la producción entre los 300 y 400 kg.
- Cada año se irán repoblando aquellas zonas ("setales") en los que ya no quedan cardos debido al AGOTAMIENTO.

Bien, el futuro pasa por ver como se está comportando la PLANTA en las parcelas que estamos sembrando. No es algo que ocurra de inmediato, necesitamos que al menos transcurran dos años a partir de las siembras. En algunas parcelas ya estamos monitorizando el estado de las mismas y contrastando el resultado que nos ofrecen dependiendo del sistema de siembra utilizado. La respuesta no es la misma según los parámetros que hayamos implementado.

ULTIMA HORA.- ESTADO DE LAS SIEMBRA A FECHA DE PUBLICACIÓN - 2017-

Ha pasado más de un año desde que realizamos las siembras extensivas de cardos. En la anterior edición (que se publicó en 2015) no suministré datos acerca de cómo habían evolucionado estos nuevos asentamientos. En aquellas fechas sembramos a voleo y en línea superficies ya considerables, aproximadamente unas 2, 5 Ha. No quiero cerrar esta publicación sin comentaros como están las parcelas a fecha de verano del 2017.

En octubre del 2015 sembramos una parcela de unos 6000 m2. a voleo. La dividimos en tres porciones iguales dejando una separación entre ellas de unos 2 m. para poder transitar entre los parterres con un pequeño tractor y tener accesos para realizar las labores propias de mantenimiento del suelo y de las plantas. Hubo algunas precipitaciones a primeros de noviembre que, aunque no suficientes, hizo que empezáramos a ver nacencias a finales de ese mismo mes. La densidad era buena, pero no desarrollaron como hubiéramos deseado ya que a la falta de agua hubo que añadir un adelanto de bajas temperaturas, incluso heladas, que interrumpieron nuevas nacencias y el desarrollo de las que brotaron. Ya metidos en el 2016 tuvimos que esperar hasta el comienzo del otoño para que brotaran de nuevo las que ya lo habían hecho y germinaran semillas que no lo hicieron el año anterior debido a condiciones adversas en la climatología.

La densidad de plantas fue muy considerable (demasiadas) y ya metidos en el 2017 pudimos ver que se estaban consolidando. Esto fue así hasta la primavera, pero con las temperaturas tan elevadas y la falta de precipitaciones, una gran parte se secaron antes de lo esperado. Antes de continuar, insistir que estamos hablando de un año (2016-2017) que ha roto con todos los registros, los lugareños no recuerdan otro año igual de desfavorable en términos climatológicos. En general lo ha sido en toda España, concretando en la zona en la que estamos, los agricultores nos dicen que ha sido el peor en más de cincuenta años, la sequía ha sido pertinaz y las pérdidas han sido considerables. Ha sido nefasto para el cereal y para cultivos tradicionales de regadío como la alfalfa, el maíz, la remolacha, etc.

esto por citar algunos. Temperaturas demasiado elevadas durante la primavera y el periodo estival y total ausencia de precipitaciones. A esto añadir que el invierno pasado también fue muy escaso en precipitaciones.

Aunque el Eryngium Campestre es una planta que soporta bien los extremos, pensamos que lo de este año ha sido demasiado y que de alguna manera ha tenido que influir en que los cardos no evolucionen como cuando las condiciones climatológicas son las normales. En general, hemos observado en la zona en la que nos encontramos que las densidades han sido normales, no así el porte. Esto no sería relevante ya que lo importante es que las plantas no se pierdan. El eryngium campestre es una planta perenne y si un año no le ha sido tan favorable, el siguiente lo será. Lo importante quizás ver cómo influye en la germinación de semillas para la propagación de nuevas plantas. Estamos impacientes por ver en este otoño si las plantas vuelven a brotar en todas las parcelas en las que implantamos los cardos.

En el resto de parcelas seguimos con la incertidumbre. Como ya he comentado este otoño es importantísimo para que veamos la evolución de lo realizado. En todo caso, estamos ya preparando y procesando plantas con el fin de recolectar semillas. Seguiremos sembrando en los parterres que no hayan evolucionado y en otros nuevos. Esto en la parcela de 6000 m2., en el resto de parcelas hasta las 2,5 Ha. no podemos ofrecer resultados, sigue siendo este otoño (2017) el que nos indicará cómo evolucionan las siembre que hicimos durante el otoño del 2016. Aunque parezca algo pesimista, en realidad no es así, sabemos que los nuevos cardos que implantemos evolucionan al segundo año o ciclo.

A MODO DE RESUMEN.

Hemos tratado muy diversos aspectos relacionados con un hongo muy carácterístico de nuestra región, Castilla y León, el Pleurotus Eryngii (seta de cardo), pero no puesto en VALOR tal como se merece. Los trabajos y estudios son muchos abarcando líneas de investigación no exploradas, al menos no he encontrado documentación que tratara a fondo esta variedad de hongo. Hemos intentado desentrañar todo lo concerniente a este hongo, así como de la planta con la que se asocia, el Eryngium Campestre (cardo corredor). Confieso que ha sido complejo, a la vez que fascinante, siendo consciente de que es mucho el camino por recorrer.

Son demasiados los trabajos que están en proceso y por tanto inacabados; sin embargo, los resultados que se han ido obteniendo son muy alentadores y nos anima a seguir profundizando en el proyecto que hemos emprendido.

Comenzamos hace cinco años y en su comienzo solo pretendíamos, con la adquisición de algo de micelio de este hongo, que brotaran setas en algunas zonas de una parcela en la que durante años se recolectaban algunos ejemplares, pero siempre en los mismos lugares. Había grandes espacios en los que nunca brotaban y pretendíamos forzar mediante inoculo que brotaran setas. Se ha logrado al cien por cien y esta parcela produce setas actualmente en toda ella, se han creado nuevos setales y se están regenerando los existentes. Ha sido una labor tan apasionante que pronto, y a medida que se iba profundizando en el proyecto, han ido surgiendo nuevas ideas alimentadas por querer saber más de nuestra seta y el entorno en el que se desenvuelve.

Son muchos los mini proyectos de investigación que tenemos abiertos y no menos las cuestiones e interrogantes que han quedado resueltas. Han sido suficientes para afianzar nuestra idea inicial al pensar que es un proyecto viable e innovador y que puede proporcionar rendimientos económicos aceptables para aquellos que lo quieran emprender. Hay aspectos importantísimos que no se han abarcado en estos trabajos, quizás el principal es el aproximarnos, aunque fuera de soslayo, al aspecto económico, a la rentabilidad que se puede obtener cultivando esta seta de forma ecológica y natural, pero no era el fin propuesto, al menos al inicio.

Cualquiera puede, al igual que hice yo, realizar inoculaciones y comprobar que puede alcanzar los objetivos programados, estos no son otros que ver crecer y propagarse esta fascinante y deliciosa seta simplemente realizando algunos de los procesos descritos en esta publicación.

Ha sido una experiencia muy gratificante y los resultados tan positivos conseguidos, lejos de desanimarnos, hacen que sigamos investigando en todo lo concerniente a este hongo evolucionando en su hábitat natural.

Algunos de los que leáis estos trabajos quizás ya habréis intentado hacer lo mismo. Son muchas las empresas que nos venden micelios de distintas variedades de hongos para que los cultivemos en nuestros hogares o en pequeños recintos. Se puede conseguir micelio de bastantes variedades de hongos y nos explican cómo cultivarlos en distintos sustratos, desde paja de cereales a tocones de distintos árboles. Siguiendo las instrucciones que nos proporcionan, cualquiera puede cultivar setas para un consumo familiar. Para nuestro hongo parece ser que los resultados no son demasiado satisfactorios, de él brota una seta que entraña algunas dificultades y las producciones no son las esperadas. Lo cierto, y estaréis de acuerdo, es que los ejemplares producidos con sustratos artificiales y a nivel industrial no tienen el mismo aspecto y "SABOR" que los recolectados directamente en el campo, en su hábitat, teniendo como fuente de sustento y alimentación la raíz del cardo corredor.

Los ejemplares que podemos ver y adquirir en algunos establecimientos que comercializan este hongo, en especial en Cataluña, aun siendo originarios de cepas naturales, no tienen la apariencia ni el excelente gusto al paladar de la seta recolectada directamente en el campo.

Os animo a que realicéis vuestras inoculaciones, resultará apasionante y enseguida veréis que sois capaces de producir vuestras setas. Conseguiréis tener vuestros "setales" en los que cada temporada recolectaréis setas para consumo propio y de amigos o familiares a los que sorprenderéis con un magnifico regalo. Si sois cuidadosos al realizar las inoculaciones creareis pequeños oasis que solo conozcáis vosotros, zonas secretas en las que recolectar setas a voluntad.
Algunos puede que lo hayáis intentado y os habéis desanimado por alguna de las siguientes causas.

Quizás pienses que si no tienes un terreno en propiedad que reúna unas condiciones mínimas, como puede ser que en él crezcan cardos de forma espontánea, no merece la pena ni siquiera intentarlo.

Quizás sí que tienes el terreno pero pienses que el cultivo de otros productos es más productivo, o que puedes alquilarlo y con ello sacar algún rendimiento sin complicaciones ni quebraderos de cabeza.

Quizás has probado pero no has sido constante en el empeño y no ha transcurrido el tiempo suficiente para ver los resultados de tu trabajo, abandonado sin más.

Quizás sí que has conseguido algún resultado y no te has beneficiado de lo conseguido porque simplemente lo que ha pasado es que alguien te ha *"birlado"* el producto.

Quizás solo te has conformado con ver que puedes producir algunas setas y que son suficientes para darte un *"capricho"* y no necesites hacer más. Si esto es así, puedes decir con orgullo que has conseguido el OBJETIVO propuesto.

Quizás sí que has tenido la suficiente constancia y has logrado que en tu parcela se recolecten setas en una cantidad apreciable, pero se te han estropeado porque no has encontrado como comercializarlas,

¡Enhorabuena!, es mucho lo conseguido. **¡Insiste!** que con toda probabilidad encontrarás la fórmula.

Estas pudieran ser algunas de las dificultades con las que nos podemos encontrar y quizás alguno, de los que estéis leyendo esto, ya se ha tenido que afrontar y lo mejor, ha solucionado. Deseo animarme y animaros, soy consciente de estas y otras vicisitudes que nos pueden surgir, pero *¿pensabais que pudiera ser tan simple…?*.

ALGUNAS IDEAS QUE PONER EN PRÁCTICA.

Dado que hemos llegado a la conclusión de que esta seta se puede propagar a zonas en las que no brota de forma natural mediante su micelio, se me ocurre sugeriros alguna idea con la que poder comenzar.

1. Inoculaciones en parcelas o finca de nuestra propiedad.

Interesante para aquellos, que como yo, tengáis algún terreno ocioso que no esté siendo aprovechado, bien porque no sea productivo; es decir, de mala calidad para el cultivo de otros productos agrícolas, o porque pienses que si realizas el proyecto puedes sacar algún beneficio con la producción de setas. No necesariamente tiene que ser con el propósito de obtener alguna rentabilidad, es suficiente querer producir nuestras propias setas a voluntad para un consumo propio o, porque no, la satisfacción de que lo que consigamos ha sido obra nuestra. Esto dependerá de la superficie de terreno que tengamos para hacerlo, si es grande, por poner un ejemplo entre media y 1 Ha., nos podremos plantear sacar alguna rentabilidad de nuestros "cultivos", si es pequeña podemos probar con inoculaciones no masivas para producir setas para nuestro consumo.

Para una u otra opción es imprescindible que en esos terrenos crezca la planta sobre la que se sustenta nuestra seta, el cardo corredor (Eryngium campestre).

Esta es la opción que aconsejo en caso de disponer de ese terreno. No es necesario que tenga una gran extensión. Si lo que pretendes es hacer algo de lo que aquí se expone por el mero placer de ver que somos capaces, no es necesario disponer de una gran superficie, con 100 o 200 metros cuadrados, es suficiente.

2. Inoculaciones en cualquier parcela, sendero, erial, perdido, etc…

Esta es una opción bastante *"altruista"* ya que no nos garantiza que seamos nosotros los que nos beneficiemos de lo realizado, al menos no solo nosotros.

Consiste en inocular en lugares que nos puedan parecer idóneos porque hay una gran densidad de cardos, pero nunca han brotado setas. Sabemos que esto ocurre, hay sitios en los que nunca hemos recolectado setas y hay suficientes plantas. Hay que forzar que el micelio del hongo se asiente y para ello hay que inocular en algunos puntos, seguro que en la temporada siguiente saldrán algunas setas. .

Como se anuncia es una opción altruista ya que al realizarlo en terrenos libres, o en fincas de otros propietarios, del éxito de nuestros trabajos se beneficiará cualquiera que visite esos lugares y encuentre alguna seta. Si esto ocurriera, esa persona o personas, irán asiduamente a ese lugar. Nos queda la satisfacción de que las setas nacidas en esos enclaves lo han hecho gracias a nosotros. En cualquier caso, aconsejo que no deis mucha publicidad de lo que estáis haciendo, al menos el primer año, seréis siempre los primeros en recolectar setas en esos puntos.

3.Inoculaciones masivas. ¡AVISO A NAVEGANTES…!

Con motivo de racionalizar y normalizar todo lo relacionado con este recurso micológico, la recolección de hongos comestibles, muchas Comunidades Autónomas y Ayuntamientos están regulando esta actividad otorgando licencias y permisos. Intentan con ello que los recursos micológicos y su aprovechamiento se realice de forma más controlada sin llegar a "esquilmar" los bosques productores de una gran variedades de hongos comestibles. Soy partidario de ésta y otras iniciativas de control que contribuyan a mejorar y organizar esta actividad. Cada vez más son los aficionados que salen a recolectar y no todos lo hacen preocupados por cuidar y preservar estos recursos tan valiosos. Es mucho el daño que se ocasiona cuando estas prácticas se realizan intensamente y sin control en un breve periodo de tiempo.

El perfil de las personas que salen a recolectar es muy variado, hay quienes se conforman con salir esporádicamente en busca de algunos ejemplares recolectando únicamente una cantidad suficiente para satisfacer el capricho de probarlas una o dos veces en la temporada, recolectan sólo ejemplares que satisfacen su deseo de probarlas en plena campaña, no van con la intención de **"arrasar"** con todas las que encuentren a su paso dando opción a que otros se puedan beneficiar.

Estos quizás, si el año no es malo, vuelvan a salir y harán lo mismo, recolectarán solo aquello que necesiten para consumo propio o invitar a algún familiar o amigo. Saben que no son muchas las ocasiones que pueden hacerlo y son los primeros en contribuir a que lo puedan hacer todos los años cuidando el hábitat donde saben que pueden satisfacer su afición. Por desgracia no son muchas las personas que actúan con esta delicadeza, son más lo que, por el contrario, piensan que si no son para mí, tampoco para otros.

Estoy convencido que los que salen al campo con esta mentalidad sí que son conscientes de la importancia que tiene que la recolección se realice respetando y cuidando ese hábitat, donde año tras año y durante algunos pocos días, pueden satisfacer su hobby, amén de degustar un exquisito guiso de setas. Pero son más las personas con otras inquietudes y motivaciones, éstas solo tienen una "misión" a cumplir y es recolectar todo lo que **"pillan"** a su paso, no respetan **"nada"**, recogen ejemplares de la variedad que sea aunque estén inmaduros, pisotean y utilizan utensilios y herramientas que destrozan los micelios. Quizás no sean muchos, pero allá por donde han pasado pareciera que lo han hecho en masa, se nota claramente por la huella del destrozo que dejan a su paso. No salen uno ni dos días…, lo suelen hacer durante toda la temporada y las cantidades recolectadas las "venden" en cualquier sitio o establecimiento sin ninguna garantía. Estos establecimientos y las personas que los regentan son cómplices de estas actuaciones ilegales. Todos sabemos lo peligroso que puede ser esto, en su afán de coger la mayor cantidad posible pudiera haber algún ejemplar tóxico, hasta el extremo de poder causar la muerte.

En fin, por desgracia esto ocurre. Esta línea de actuación que me permito proponer no está en nuestras manos, más bien son algunas de las entidades o instituciones que hemos mencionado quienes pueden y deben hacerlo.

Hemos comentado que muchos Ayuntamientos y Comunidades Autónomas actualmente regulan, dentro de su ámbito territorial, los recursos micológicos de los que potencialmente disponen. También hemos comentado que nos parece una buena medida siempre que se haga bien y con un propósito duradero para que todo aficionado sepa lo que debe de hacer en cada momento dependiendo de la variedad de hongo que está recolectando. Debe de ser conocedor de los lugares en los que está permitida la recolección de una variedad concreta, las cantidades y el cómo hacerlo.

Para ello se expiden permisos o licencias y se delimitan las zonas en las que se puede recolectar, así como las cantidades de cada variedad de hongo que se pueden recoger. Por la expedición de estos permisos se cobra una tasa o canon y se contratan vigilantes, o guardas, que se encargan de controlar y supervisar que se haga de una forma racional.

En esta zona de España (Castilla y León) se lleva tiempo intentado regular como deben gestionarse los recursos micológicos en el futuro. Se está centrando en la recolección de hongos que proliferan principalmente en nuestros montes y bosques, en especial los hongos que brotan en terrenos de pinares (toda clase de boletus..) y níscalos (Lactarius deliciosus..).

Al encabezar este apartado con la exclamación *¡AVISO A NAVEGANTES!* nos estamos refiriendo en concreto a nuestro hongo, a nuestra seta de cardo de toda la vida, a la que hay que proteger especialmente y que requiere que le dediquemos una atención especial. Son estas entidades las que pueden hacer algo. Se trata de que realicen lo que propongo a nivel individual pero a otra escala que denominaremos MASIVA. Podrían programarse actuaciones para que estas personas, contratadas y encargadas de gestionar estos recursos, realizaran inoculaciones con el micelio de nuestra seta por zonas en que esté asentado el "cardo corredor".

Me voy a permitir el atrevimiento de poner un ejemplo de lo que pueden hacer, amén de que sería una OBLIGACIÓN..

Podrían adquirir algunos litros de MICELIO y bien ellos, con su propio personal (guardas o vigilantes de campo), o con algún técnico de medio ambiente, realizaran inoculaciones por aquellas zonas no aprovechables ni cultivadas de su comarca. Pongamos que adquieren (compran) 5 litros de micelio (150 euros), con esa cantidad se pueden inocular aproximadamente 450 plantas (cardos) y como no tienen que estar muy juntos, la superficie de terreno de zonas inoculadas puede estar en torno a 20 Ha. Se trata de inocular en sitios separados que formen setales en el futuro. Esas 450 inoculaciones las puede realizar una sola persona en 5 jornadas laborables. Vamos a suponer que el coste de esas labores asciende a 80 euros por jornada incluyendo seguros y cotizaciones. Haciendo una sencilla suma, resulta, que con un desembolso de 550 euros se ha inoculado una gran superficie en la que potencialmente, y a corto plazo, brotará la **Pleurotus Eryngii (seta de cardo).**

Imaginaros lo que se podría hacer si en todas las parcelas en las que se ha extraído áridos (graveras) se hiciera esto. Sabemos que estas parcelas son improductivas y lo único que se ha hecho en ellas, una vez agotada la extracción, ha sido (y no en todas) restaurarlas incorporando una ligera capa de tierra fértil –que en realidad no lo es tanto-. Imaginaros esas grandes extensiones en las que la seta de cardo se pudiera asentar, sería **EXTRAORDINARIO VERDAD?.**

En esta hipótesis no se inocularía directamente con el micelio del hongo ya que carecen de la planta de sustento, aquí previamente habría que sembrar con la planta (Eryngiun campestre). Esos terrenos son idóneos para la implantación de la seta de cardo, son calizos y con un ecosistema propicio para el desarrollo de esta seta.

Este es un proyecto mucho más ambicioso y que requiere de una planificación y estudio en profundidad, pero sería factible realizarlo por quien puede hacerlo, o al menos plantearse su viabilidad.

Estas son algunas de las actuaciones que podemos emprender, estoy seguro que se os ocurrirá otras, incluso más novedosas. **¡Animo y ADELANTE!**

No quiero terminar sin antes dedicar este último apartado a una persona que ha creído en todo momento en lo que hacíamos. Esa persona es mi hermano. Es el que, con un entusiasmo desmesurado, ha creído siempre en lo que hacíamos, ha impulsado este gran proyecto, es el que se ha encargado de realizar los trabajos de acondicionamiento de las parcelas, es el que, con una especial delicadeza e interés, se ha preocupado de realizar un seguimiento exhaustivo de lo programado durante estos años. En definitiva, sin él no habría sido posible llegar hasta donde hemos llegado.
Hemos tratado muchos aspectos de estos dos seres tan vinculados entre sí. Son completamente distintos y están clasificados en distinto reino, pero de forma individual y conjunta ofrecen singularidades dignas de estudio.

Seguimos profundizando en el estudio de ambos, son muchas las cuestiones por investigar y requieren de tiempo para desentrañarlas. Algunas no han podido exponerse en esta publicación, bien, porque aún no se han comenzado o están en proceso y no se pueden ofrecer resultados definitivos. Puede que tengamos la oportunidad de hacerlo no pasado mucho tiempo.
¡HASTA PRONTO….!

CUANDO VAS MUY RAPIDO "GUAPA" NO
DECLARAS LAS SETAS
(NO ESO)
LA SETA DE CARPO
+ SE EXTINGUE

ANEXOS

ANEXO I.

TABLA DE PRECIPITACIONES EN EL TÉRMINO DE TARIEGO DE CERRATO.

PRECIPITACION PERIODO 2012-2017

MES/AÑO	2012 1ª	2012 2ª	2013 1ª	2013 2ª	2014 1ª	2014 2ª	2015 1ª	2015 2ª	2016 1ª	2016 2ª	2017 1ª	2017 2ª
ENERO				42	38	24			19	18	35	
FEBRERO					33	10	10	5	50			
MARZO	No se tomó datos		39	60	12				15			
ABRIL			10	12					44	61		
MAYO			25	15	19				23	10		
JUNIO			16	33	4							
JULIO		15	18		20	6						
AGOSTO												15
SEPTIEMBRE				22	30	10	10	18	10	15		
OCTUBRE		65	13	41	47	5	19	11				
NOVIEMBRE	28	28	6		34	34	38			20		
DICIEMBRE			27	14	8							

¿Fueron buenos años para la seta de cardo?

NOTA: Se define como año bueno, regular o malo teniendo en cuenta las condiciones climáticas acaecidas en el periodo de referencia. En las zonas en que se están realizando los trabajos se forzó el parámetro de humedad aportando riegos en julio, agosto y septiembre con lo que se atenuó el impacto de la escasez de lluvias. En todas las zonas controladas la producción ha sido como se esperaba logrando un adelanto considerable en las brotaciones al recolectar ejemplares a finales de agosto.

Se recogen las precipitaciones de los cuatro años transcurridos desde que se iniciaron los trabajos. No se tienen en cuenta las aportaciones hídricas de los riegos que se dieron en la parcela ya que no son relevantes para lo que nos interesa en este caso; sin embargo, sí que hubiera tenido su importancia el desglose de las temperaturas, ya que junto con las precipitaciones, es el otro parámetro que nos ayudaría a calificar una temporada como BUENA, MALA o REGULAR. A pesar de ello, se tomaron algunas notas del parámetro de temperatura por la influencia que pudo tener.

Sabemos que el hongo Pleurotus Eryngii produce la seta en dos períodos dentro del año natural. Uno en primavera, de abril a mayo, y el otro en otoño, de octubre a diciembre. En otras zonas esto puede variar ligeramente dependiendo de las condiciones climáticas propias de la estación de cada zona.

En las zonas en las que hemos inoculado y realizamos los trabajos los resultados difieren en cuanto a este parámetro ya que forzamos algunos riegos para controlar la humedad del suelo con aporte hídrico cuando las precipitaciones eran escasas. No ocurrió así en cuanto a la temperatura ambiente.

2012: Fue un año **BUENO**, pero la temporada fue corta. La monitorización de precipitaciones empezó en julio de ese año.

Para que un año pueda ser considerado como bueno para nuestra seta debe de haberse producido algún aporte hídrico en julio y agosto. Estas precipitaciones suelen llegar en forma de tormentas esporádicas, cosa que en este año no tuvimos; sin embargo, en la última semana de septiembre y durante la segunda quincena de octubre fueron abundantes, sucediéndose durante el mes de noviembre. Se recogieron setas durante todo el mes de noviembre hasta mediados de diciembre. Para haber recolectado en octubre tendría que haber llovido durante el verano.

2013.- Fue un **BUEN año para la seta de MAYO** (la que recolectamos en primavera). Abundancia de precipitaciones en primavera, que junto con las temperaturas suaves de esta época, hizo que se pudieran recolectar setas desde últimos de abril hasta finales de mayo. Hay un dicho por estas tierras que dice **"las setas de mayo ni te las comas tú ni se las des a tu hermano".** Se cree que las setas de cardo que brotan en primavera no son muy buenas, que son más fibrosas y que no tienen el mismo gusto que las que se recolectan en pleno otoño. He podido comprobar que el dicho tiene mucho de cierto, ya que las que he podido recolectar en esas fechas, efectivamente, no tienen el mismo sabor y aromas que cuando se recolectan durante el otoño, sinceramente pienso que no es para tanto, SIGUEN SIENDO EXQUISITAS.

El ciclo otoñal lo podemos catalogar como de **REGULAR** ya que aunque las precipitaciones fueron copiosas en los meses de septiembre y octubre; sin embargo, en el mes de noviembre se sucedieron muchos días con temperaturas por debajo de cero grados. La temporada fue corta ya que a esto hay que añadir que durante el verano no hubo precipitaciones.

2014.- En general lo podemos considerar como **REGULAR.** Parecía que no iban mal las cosas, pero se "torcieron" (para nuestra seta y en estas latitudes).

En julio tuvimos alguna precipitación pero durante TODO el mes de agosto y hasta la segunda semana de septiembre no cayó "ni una gota". En ese mes poco y cuando lo hizo, de forma abundante, fue en la segunda semana de octubre ¡un poco tarde!. Cuando empezó a brotar ya estábamos metidos en noviembre y ya en ese mes empezaron a bajar mucho las temperaturas con lo que limitaron que el micelio se desarrollara con normalidad. Hay que añadir que el mes de octubre no fue NORMAL, no solo aquí, lo fue en todo el territorio nacional con temperaturas demasiado altas para esta época de año. En general no fue un buen año, tampoco acompañó mucho la primavera y se vieron muy pocos ejemplares debido a la escasez de precipitaciones en marzo y abril.

2015.- No se recolectaron setas durante la primavera. Alguna precipitación en febrero y nada durante la primavera. La campaña otoñal fue BUENA, aunque los primeros ejemplares ser vieron tardíos. No hubo precipitaciones durante los meses estivales pero septiembre fue un buen mes.

2016.- *HA SIDO **EL PEOR AÑO** DE LOS QUE LLEVAMOS MONITORIZANDO.*
En primavera aunque tuvimos bastantes precipitaciones de enero a mayo; sin embargo las temperaturas fueron anormales, demasiado ALTAS.

En general no se recolectaron muchos ejemplares. La campaña durante los meses otoñales fue DESASTROSA, tuvimos una NOTABLE SEQUÍA.

No solo no hubo precipitación durante el verano es que además tuvimos un otoño en el que se recogieron escasamente 15 litros/m2 en septiembre y aprox. 20 litros/m2 en noviembre. A esto añadir que tuvimos que padecer heladas muy tempranas. Me comentaban los "asiduos", que no habían conocido un año como este. Resumiendo, se recolectaron pocos ejemplares y muy dispersos.

2017.- Estamos en abril. No podemos adelantar como será el año en plena campaña otoñal pero si puedo adelantar que es MALO para recolectar alguna seta en mayo. No ha habido prácticamente precipitaciones durante esta primavera. En estas tierras de Castilla y León, en especial en la zona sur de la Provincia de Palencia y en Tierra de Campos hemos tenido una pertinaz sequía que ha afectado a todos los cultivos. Esperemos que esto se corrija durante el periodo estival y el otoño....

ANEXO II.

CREACIÓN DE UN NUEVO SETAL.EVOLUCIÓN

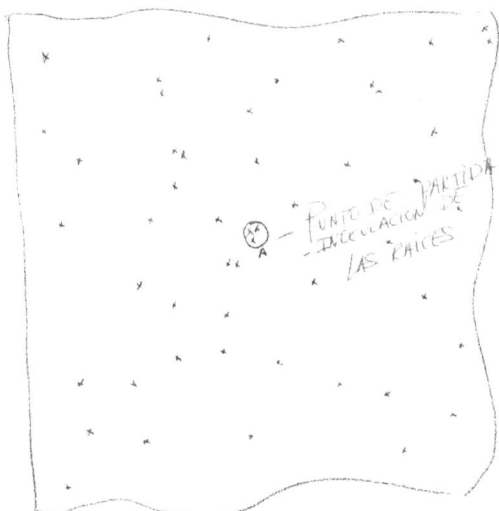

− Fig. 0 −

NACIMIENTO DE UN NUEVO "SETAL" y EVOLUCIÓN

3 10 m²

PUNTO DE PARTIDA
− INOCULACIÓN DE LAS RAÍCES

Superficie 3 de control ⟹ 10 m²
nº cardos al principio del proceso ⟹ 50 u
Parterre "VIRGEN". Nunca han brotado setas.

CUANDO YA NO HAYA "CARDOS" NO
BROTARÁN LAS SETAS.
POR ESO:

LA SETA DE CARDO
+ SE EXTINGUE

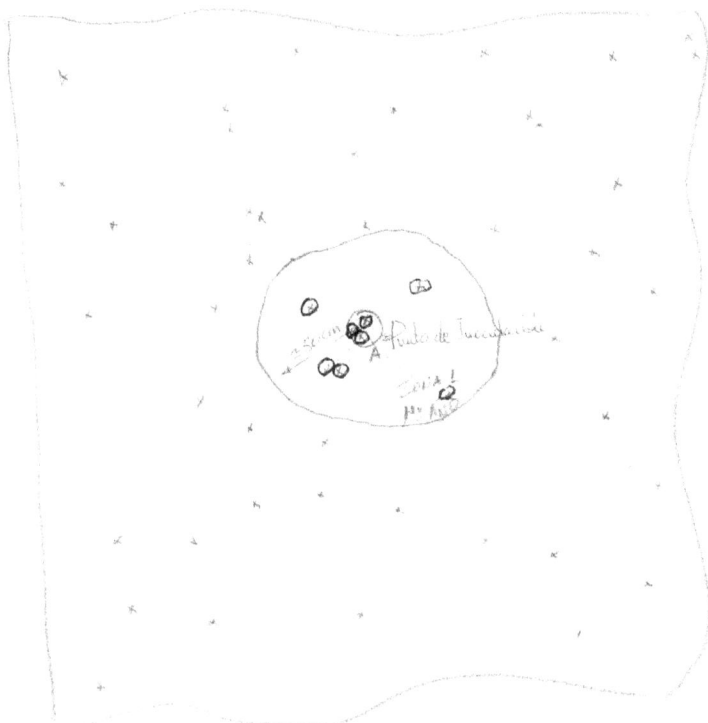

Nacimiento de un nuevo "setal" y evolución — Fig 2 —

3 10 m²

- Fig 3 -

Nacimiento de un nuevo "Seral" y Evolución

3 /0 m²

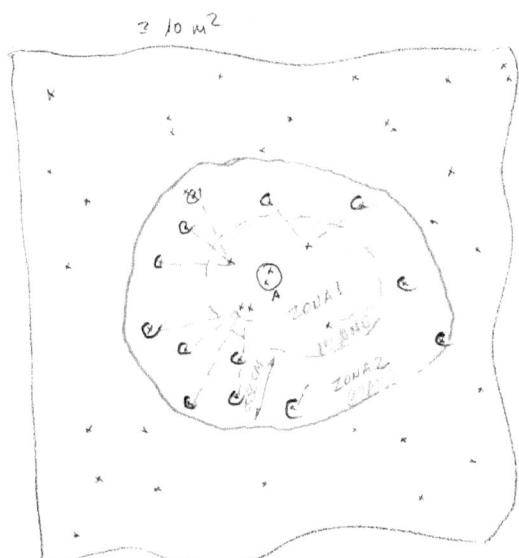

Superficie 2 de control ⟹ /0 m²
nº cardos al principio del proceso ⟹ 50 u.

* El 2º AÑO De la zona 1 se desplaza el micelio
a la zona 2. Coloniza (13) cardos. Algunos no los
invadidos y podrían volver a brotar.

— Estos cardos colonizados podrían producir setas ese año.
— En la zona 1 se puede re-afectar 1 ó 2 ejemplares
a los que no les dió tiempo brotar el año anterior
— La zona 1 ya no brotarán cardos de las raíces
invadidas. Se origina una "CALVA" (un claro)
en el que no veremos el Eryngium campestre
— El micelio seguirá avanzando 2 años se car_
Podrán producirsetas
— El micelio a avanzado 2 Sobre los cardos que produz_
con estos MYCEAN.

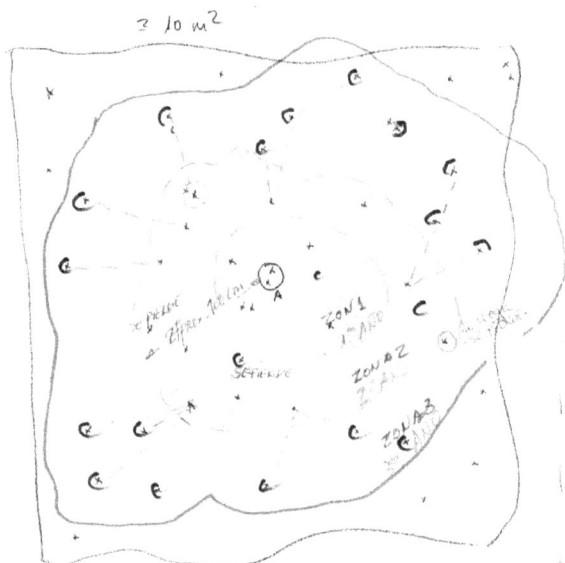

— Fig. 4 —

NACIMIENTO DE UN NUEVO "SETAL" Y EVOLUCIÓN

≥ 10 m²

Superficie 3do control ⇒ 10 m²

Nº cardos al principio del proceso ± 50 u.

* El 3er AÑO. La zona 1 está AGOTADA, de la zona 2 brotará alguna seta esporádica y el micelio a avanzado a la zona 3 que es la que producirá este año.

* De la zona 3 quizás broten (17) setas. Al resto no ha llegado el micelio

* En la primavera de ese tercer año ya no se verán cardos en las 3 zonas. Puede que alguna muy aislado a los que no ha llegado a invadir el micelio y esta invasión no ha sido muy total.

Por eso esto decimos que LA SETA DE CARDO SE EXTINGUE

BIBLIOGRAFÍA

- BLOQUE I

- Apuntes sobre el fascinante reino de los hongos.
  http://myas.info/cdsetas/HTML/FRHongos.htm

- Esquema. Estructura de la interrelación típica entre hongos micorrícicos macroscópicos y especies forestales.
  UNIVERSIDAD DE SAN CARLOS DE GUATEMALA

- Esquema de una seta con sus partes fundamentales-Imagen-CUADERNOS DEL ARBORETO LUIS CEBALLOS nº 3.Hongos del Arboreto y del monte Abantos

- Principales formas que adoptan los carpóforos.
  RedFlor. Red Forestal de Desarrollo Rural Proyecto piloto en el marco de la Red Rural Nacional.

- Croquis y fotos sobre tipos de himenio de los hongos.

- Laminas. Richard Willians

- Tubos. De United Kingdom

- Aguijones y Pliegues. www.micomania.rizoazul.com

- Excelente sección de una seta. Estructura interna del carpóforo de un basidiomiceto. Kobol, 2000

- Imagen. Ciclo vital de una seta saprofita. "Lo que Ud. debe de saber de las setas cultivadas. –Sociedad Micológica Leonesa "San Jorge".

- Foto Micelio colonizando.
  http://es.wikipedia.org/wiki/Micelio.html.
- BLOQUE II

- Variedades de Pleurotus: Ostreatus (Jacquin ex Fries) Kummer; Pulmonarius (Fries) Quelet; Erygii (de Candolle ex Fries) Quelet. Sociedad Micológica Leonesa "San Jorge"

- Distintas variedades de Pleurotus Eryngii.
  http.amanitacesarea.com/Pleurotus-eryngii.html

- Pleurotus Eryngii, var. Nebrodensis. *Pleurotus nebrodensis* su residui di *Cachrys ferulacea* (foto Nicola Amalfi).

http://www.gruppomicologicomilanese.it/pages/p_articoli_05pleurot us.html

- Pleurotus Eryngii var. Ferulae. http//www.fungipedia.es/setas-informacion-y-consultas/5-fotografia-micológica/37254-pleurotus-eryngii-var-ferulae.htm

- Foto de la planta: http://es.wikipedia.org/wiki/Ferula_communis

- Peurotus Eringii var. Elaeoselini. http//herbariovirtualbanyeres.blogspot.com.es/2012/07/elaeoselin um-asclepium-hinojo-marino.html

- Fotos de Plantas. Elaeoselinum asclepium. http//herbariovirtualbanyeres.blogspot.com.es/2012/07/elaeoselin um-asclepium-hinojo-marino.html

- Thapsia gargánica. *Pleurotus eryngii* var. *thapsiae* sobre *Thapsia gargánica* (NicolaAmalfi) *http://www.gruppomicologicomilanese.it/pages/p_articoli_05pleurot us.html.* http://florapugliese.blogspot.com.es/2008/10/thapsia-garganica.html

- Descripción de la planta. Asociación Micológica El Royo.- http://amanitacesarea.com/pleurotus-eryngii.html

- BLOQUE IV

- Características Eryngium campestre (cardo corredor). De Wikipedia

- Lámina de Eryngium campestre L., realizada por Daniel Martínez Bou (http//www.botanical-online.com)

- Fotos otras variedades de cardos: **Jesús Dorda** (cardo lanudo, cardencha, cardo azulado; **F.J. Barbadillo** (Flor de cardo marino, cardo marino, cardo pirenaico).

- Propiedades medicinales del eryngium campestre: http//rdnattural.es/plantas-y-nutrientes-para-el-organismo/plantas/cardo-corredor/

- Perenne y Vivaz.- MURCIA EDUCARM (Portal Educativo). Consejería de Educación, Formación y Empleo de la Región de Murcia.

- Plaga de topillos en Castilla y León de 2007.- De Wikipedia

- BLOQUE V

- Sobre el clima en Tariego de Cerrato.- Climate. "Normas Urbanísticas Municipales de Tariego de Cerrato (Palencia)".Gráficos, Climograma, etc...- Climate-Data.org

- Resumen malas hierbas en la parcela.- Guía de Campo de las Especies de Malas Hierbas más comunes de Valladolid

- Preparación de micelio http://foroarchive.infojardin.com/naturaleza-flora-autoctona-setas/t-228174.html, publicado por "lucasfava".

- ¿Qué es una plaza Petri?.- http://pblequipo2.worpress.com/category/placa-de-petri/

- Utilización del agua oxigenada (método del Peróxido de Hidrogeno).- Rush Wayne "Growing Mushrooms the Easy Way. Home Mushroom Cultivation with Hydrogen Peroxide". Adquisición at raves de mycomasters.com.

- Contaminantes comunes en el laboratorio y durante el cultivo de Pleurotus ostreatus: (a) TRichoderma, (b) Aspergillus fumigatus, (c) Aspergillus y Penicillium, (d) Aspergillus y (e)Penicillium (Milla, 2007).- UNIVERSIDAD DE SAN CARLOS DE GUATEMALA

- Otras contaminaciones típicas en el cultivo de hongos.- http://www.shroomery.org/5276/What-are-common-contaminants-of-the-mushroom-culture

- BLOQUE IX

- Artículo "enemigos de la seta". *Tarnania fenestralis*

  Fuente: Universidad Politécnica de Madrid

Tobar, V., Notario, A., Castresana, L. "Tarnania fenestralis (Meigen, 1818) (Diptera: Micetophilidae) associated with the fungus Pleurotus eryngii (DC.) Quel." Forest Systems 19 (3): 299-305. Diciembre de 2010

.